TANKS

少儿军事科普图书

陆战王中王

世界主战坦克秘闻

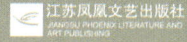

李 杰
晓 斌
著

江苏凤凰文艺出版社

图书在版编目（CIP）数据

陆战王中王：世界主战坦克秘闻 / 李杰，晓斌著 . -- 南京：江苏凤凰文艺出版社，2019.5（2023年6月重印）
（少儿军事科普图书）
ISBN 978-7-5594-3673-3

Ⅰ.①陆…　Ⅱ.①李…　②晓…　Ⅲ.①坦克－世界－少儿读物　Ⅳ.① E923.1-49

中国版本图书馆 CIP 数据核字 (2019) 第 074441 号

陆战王中王：世界主战坦克秘闻

李　杰　晓　斌　著

出 版 人	张在健
责任编辑	张恩东
装帧设计	观止堂＿未氓
责任印制	刘　巍
出版发行	江苏凤凰文艺出版社
	南京市中央路165号，邮编：210009
网　　址	http://www.jswenyi.com
印　　刷	南京新洲印刷有限公司
开　　本	700×1000毫米　1/16
印　　张	9.5
字　　数	136千字
版　　次	2019年5月第1版　2023年6月第2次印刷
书　　号	ISBN 978-7-5594-3673-3
定　　价	36.00元

江苏凤凰文艺版图书凡印刷、装订错误，可向出版社调换，联系电话 025-83280257

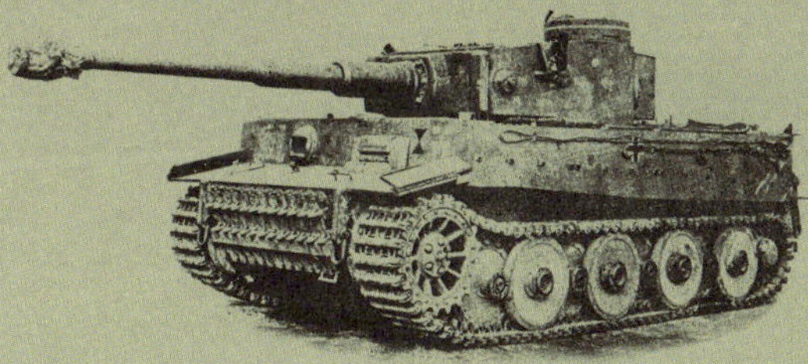

目录

前言

"水柜"引发的坦克潮　　　　　　　　　　　　002
新的战火催生新"陆战王"　　　　　　　　　　008

世界主战坦克全扫描

性能卓越的美国 M 系列坦克　　　　　　　　　020
勇挑大梁的英国"挑战者"克　　　　　　　　　028
全球首款四代主战坦克——法国"勒克莱尔"　　038
长踞世界坦克"头牌"的德国"豹 2"　　　　　046

小而弥坚的以色列"梅卡瓦"主战坦克	058
贵且不好用的日本 10 式主战坦克	070
自诩"世界第二"的韩国 K 系列主战坦克	082
漫长坎坷的印坦克发展之路:从"胜利"到"阿琼"	094
冷战后俄罗斯坦克发展的"弯道超车"	108
加速跃升的中国新型主战坦克	122

"陆战王"将向何方?

主战坦克是否会研发新型号?	134
坦克有望在以下几方面继续发展	138

TA

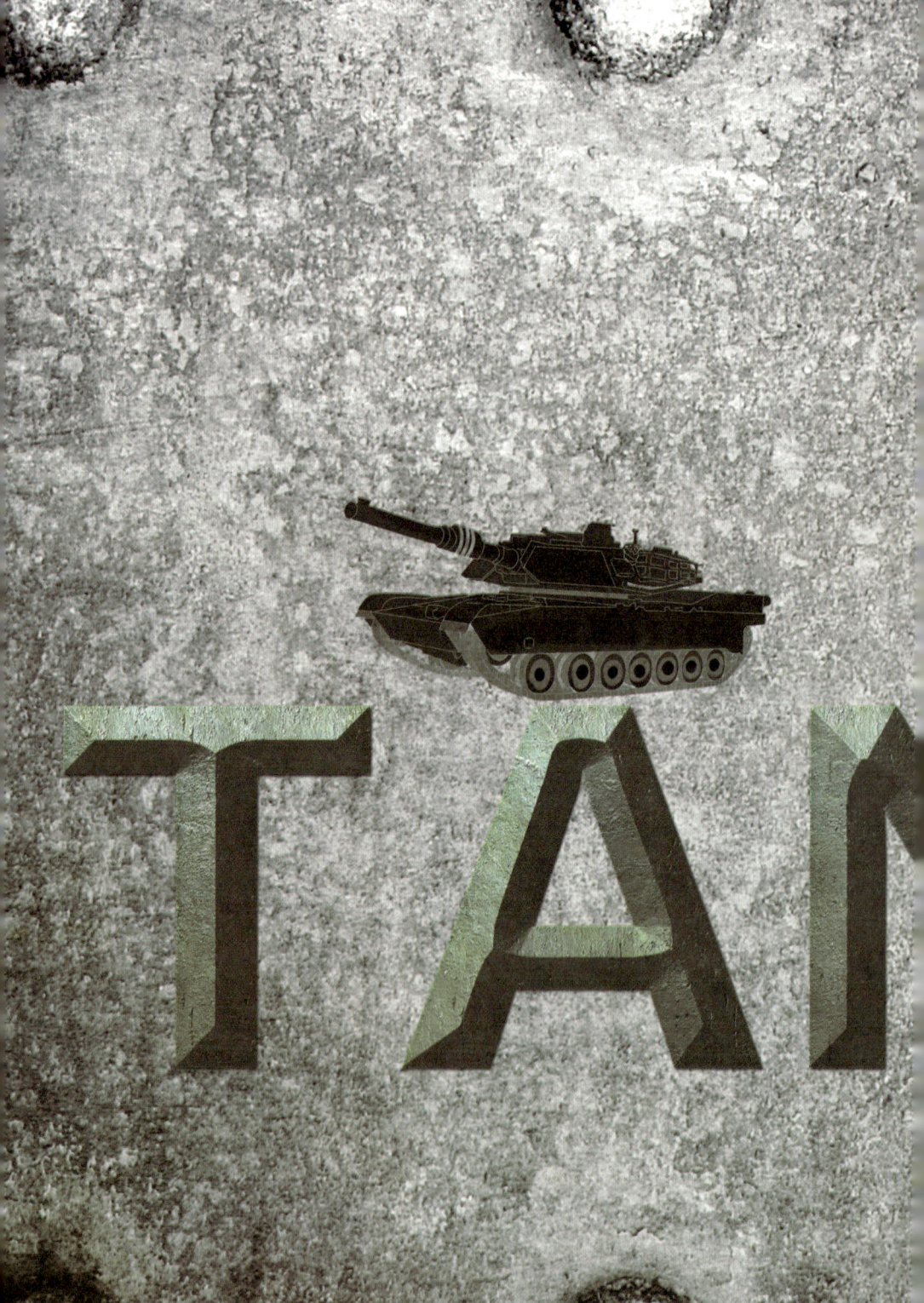

前言

"水柜"引发的坦克潮

第一次世界大战爆发后不久,交战的同盟国与协约国双方均陷入了持久的堑壕战。

1916年9月15日这天拂晓,法国北部的索姆河畔,众多德军士兵蜷缩在由铁丝网和堑壕组成的坚固野战工事里,瞪大眼睛望着远方。忽然,由远及近传来了一阵阵奇怪的、从未听过的轰鸣声,其间还不时夹杂着钢铁与弹炮相互的撞击声。

> 正在翻越壕沟的英国 MK-I 型坦克,这也是世界上第一种被投入实战的坦克

> 保存在博文顿博物馆里的"小游民"坦克

正当战场上的德军官兵感到惊恐之时，18个黑灰色的"钢铁怪物"却隆隆驶来，越来越近，越来越近……

只听得枪炮轰鸣声和钢铁撞击声越来越响！

面对这种从未见过的黑呼呼的"钢铁怪物"，恐惧的德军士兵只能机械地操起机枪和步枪，进行猛烈射击。然而，这些"钢铁怪物"尽管车身和履带不时地铛铛作响，但它们却毫不畏惧，依然隆隆地怒吼着、开进着；它们在高低不平、泥泞扭曲的坑道间如履平地般驶过，碾压摧毁了层层铁丝网。德军士兵见状，吓得溃不成军、四下逃散，原先被吹嘘为坚不可摧的堡垒阵地，顷刻间就土崩瓦解了。

> 保存在布鲁塞尔博物馆里的法国雷诺 FT 坦克。该坦克是世界上第一种具备旋转炮塔的"真正意义"上的坦克，为后续坦克的设计指明了道路

此战之后很久，德军才搞清楚：这款名不见经传，却又厉害无比的新式武器，正是于 1915 年由英国福斯特工厂发明制造的 I 型坦克。该型坦克以从美国进口的一对加长的"布劳克"履带式拖拉机为基础，并在其角钢架上铆上钢板制成，取了一个不伦不类的名字——"小游民"。因为它的奇特外形，颇有点像个大水箱，于是英国海军开玩笑地称之为"水柜"（Tank），而英文译音正好是"坦克"。此后，一种崭新、威力强大的陆地作战武器——坦克，就此诞生！

1918年，法国也研制出了坦克，被命名为雷诺FT-17，它在战争中同样驰骋疆场、越障跨壕、不怕枪弹、无所阻挡，立下了不小的战功。

美国于1917年4月参与第一次世界大战，并加入协约国阵营。不过，它最初并没有自己的坦克。随后，美国远征军司令总司令潘兴将军认为，轻型和重型坦克对这场大战至关重要，应尽快采购。后来英美计划联合开发一种新的重型坦克，并交由英国测试和使用。1918年4月，盟军坦克委员会决定，根据法国工业战时要求，能最快速向美军提供足够装甲能力的方法是制造雷诺FT轻型坦克。

在一战中，作为协约国的沙皇俄国，虽是主要参战国，但表现得并不太理想，尽管后来战胜了以德国为代表的同盟国，不过从整体上来说俄国还是属于惨胜。战争中俄国军队数量众多，可是装备却很差，在战争中吃了很大的亏，为此战后俄国开始致力坦克武器的研究。其中，战后沙俄制造出的一种另类坦克，就是"沙皇坦克"。

用现代人的眼光来看，"沙皇坦克"很难被定位为坦克，它的前轮直径约为8.23米，其作用是作为主要驱动力拖动后部体积较小的后轮，它的主躯干是一门巨型重炮。由于"沙皇坦克"体积过于庞大，在战争中很容易暴露位置；加之它的防御十分脆弱，所以在战场上很容易成为对方的活靶子，最后因其不实用而很快被淘汰。

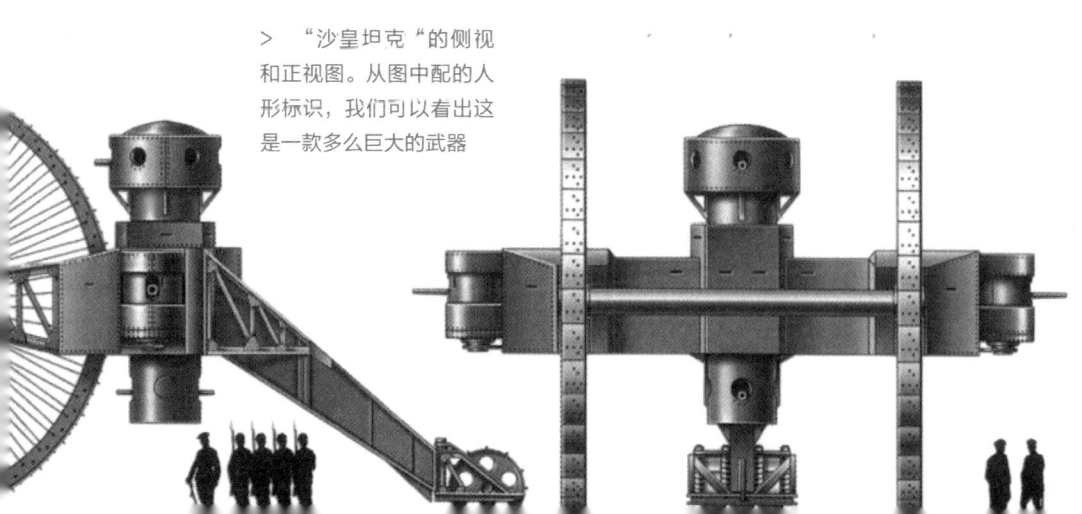

> "沙皇坦克"的侧视和正视图。从图中配的人形标识，我们可以看出这是一款多么巨大的武器

一战期间，德国人在坦克的发明上，大大落后于英国和法国。德军原本完全可以在1916年至1917年拥有像样的坦克，但鉴于自开战以来德军就始终持一种十分轻蔑的态度，以及对于战局的错误判断；直到英国坦克首次在战场亮相并且大肆碾压了德军步兵后，德国统帅部才不得不改变态度，开始急切地寻求制造"德国"坦克，并成立了一个所谓的"A7V委员会"，它是德语"第7运输处"的简写。和英国的"坦克"一样，这个为了迷惑敌人的名称，后来也成了德国坦克的大名，也是德国在一战中唯一一种坦克型号，也就是性能不够完善的A7V坦克。

> 一幅描绘A7V冲破敌军阵地的画作

> 法国建造的第一款坦克"施耐德",从外形上来看更像是一台搭建了简陋的装甲箱型结构的拖拉机

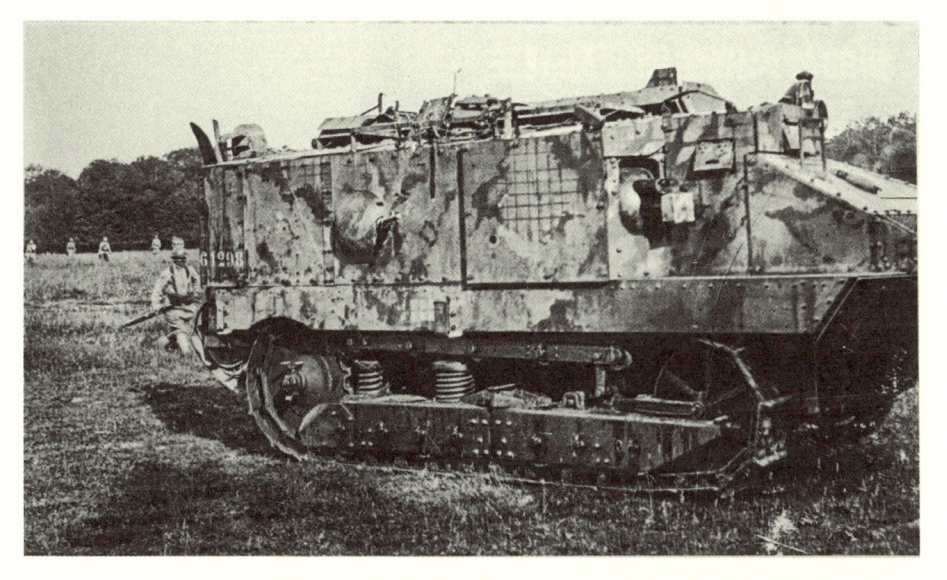

一战后,虽然已有不少国家开始批量装备或拥有坦克,但限于当时的技术水平和简陋的生产设备,制造出来的坦克总体性能较为低下,其火力多为37~75毫米口径的短身管、低初速的火炮和数挺机枪;坦克结构形式多样,既有固定的顶置炮塔或侧置炮座,也有旋转式炮塔或无炮塔结构,有的仅装有机枪。当时坦克的装甲厚度仅有5~30毫米,只能防御普通枪弹和炮弹破片。

早期坦克没有装无线电通信设备和光学观察瞄准仪器。它的转向,有的靠离合器和制动器系统,有的靠与两条履带分别联动的辅助变速箱或电动机,有的由两套发动机变速箱组,分别驱动两条履带,靠变换两条履带速比转向。由于它的行驶速度缓慢,车体颠簸厉害,机械故障频繁,乘员工作条件十分恶劣。事实上,早期的坦克只能用于引导步兵完成战术突破,根本无法实现向纵深扩大战果。

新的战火催生新"陆战王"

二战之前，德国坦克发展迅速；尤其在坦克技术方面，已具有一定的世界领先优势。到二战爆发前，德国装甲部队主力有：I号、II号坦克，以及为数不多的III号、IV号坦克；后来又接收了捷克斯洛伐克35t、38t等坦克。

> 保存在博物馆的德国 I 号坦克。这是一种相当迷你的轻型坦克，威力有限

> 一辆涂有德国灰标准涂装的德国 III 号 H 型坦克，该车装备了 42 倍口径短管 50 毫米主炮

战争爆发后，一开始德国人所向披靡，不可匹敌，其中坦克及坦克集群发挥了极大的作用。此外，还有一个最重要的原因是它的战术思想先进，而且坦克单车上有无线电台、车长指挥塔。在面对强大对手时，德军各坦克之间可以准确了解、及时互通战场情报，实施很好的战术配合。

实际上，与西欧坦克相比，德国坦克并不具备压倒性的性能优势，尤其在面对法国 B1，乃至 B2 式重型坦克时，显得似乎不堪一击。最初，德军为了实施快速闪电战，除了装备大量轻便灵活的 I、II 号轻型坦克外，还配有装备 37 毫米炮的 III 号坦克及少量安装 75 毫米短管炮的 IV 号坦克；而在进攻法国时，德国实际上只有 40 辆安装了最新 42 倍口径 50 毫米主炮的 III 号坦克具备一定反坦克能力。

> 保存在博物馆的法国 B1 bis 重型坦克。该车在二战爆发前，算得上是一款相当优秀的坦克

在那场惨烈的斯通尼小镇战役中，法国参战的装甲 3 师拥有 FCM-36 坦克、H-39 坦克和 B1 重型坦克等多型坦克。其中，作为主力的 B1 重型坦克，虽然整体设计思想并不先进，但它的正面装甲厚达 60 毫米，侧面装甲也有 55 毫米；除在 360° 旋转的炮塔上安装了一门 47 毫米速射炮外，还在车体安装了一门 75 毫米火炮，这个奇葩设计在其后的战斗中起到了重要的作用。法军坦克还有一个特点，即 32 吨的车体重量，这是当时仅重 20 吨左右的德军 III 号坦克所无法对抗的。

入侵苏联时期，德军凭借着III号、IV号等坦克，依仗先进的作战理念，一往无前地冲锋，取得了一系列胜利。可不久，它的装甲部队却遇到了可怕的对手——KV系列、T34系列坦克。可以说，德国人手里的任何一型坦克都不是KV系列、T34系列苏联坦克的对手。坦克作战史上曾经发生过，一辆苏军KV-1坦克阻碍一个德军坦克团48小时的战例，迄今还为人们津津乐道！

苏军T34坦克对于德国人来说，亦是一个灾星；因为任何一发炮弹打到它身上，都会被弹开，以至于被德国人称之为"T34危机"。幸亏德国人可以及时地呼叫空中支援，所以部队还可以勉强朝前冲锋。通过这件事，德国人对于新坦克的研发和现有坦克的改进速度加快了。应对T34系列而研发的

> 苏军KV-1的第一款量产型model 1939型的原型车。KV系列是二战爆发时列装的最强重型坦克之一

> 作为二战中识别度最高的"明星坦克","虎式坦克"也许不是威力最大的,但绝对是最经典的武器之一

最有名的产物就是VI号——"虎式坦克",而V号——"豹式坦克"则是参考T34设计的产品。直到这个时候,德国坦克对于盟军坦克的优势才逐步恢复起来;至于III号、IV号坦克,则是其升级火力版,它们可以较为勉强地对抗T34坦克系列。

至于英军,则于1939年9月开始装备"马蒂尔达"2型步兵坦克。这型坦克是1938年英国维克斯公司生产的A11型坦克(后来称"马蒂尔达"1型)的改进型——A12型。在二战后期的北非战场上,"马蒂尔达"2型步兵坦克打出了威风,取得了相当不错的战绩;英军坦克兵亲切地称它为"战场女皇"。在世界坦克史上,"玛蒂尔达"2型步兵坦克是唯一一款以女人名字命名的坦克,该坦克厚重的装甲足以媲美当时世界上的任意一款重型坦克。

> 在北非作战的英国"玛蒂尔达"2型步兵坦克

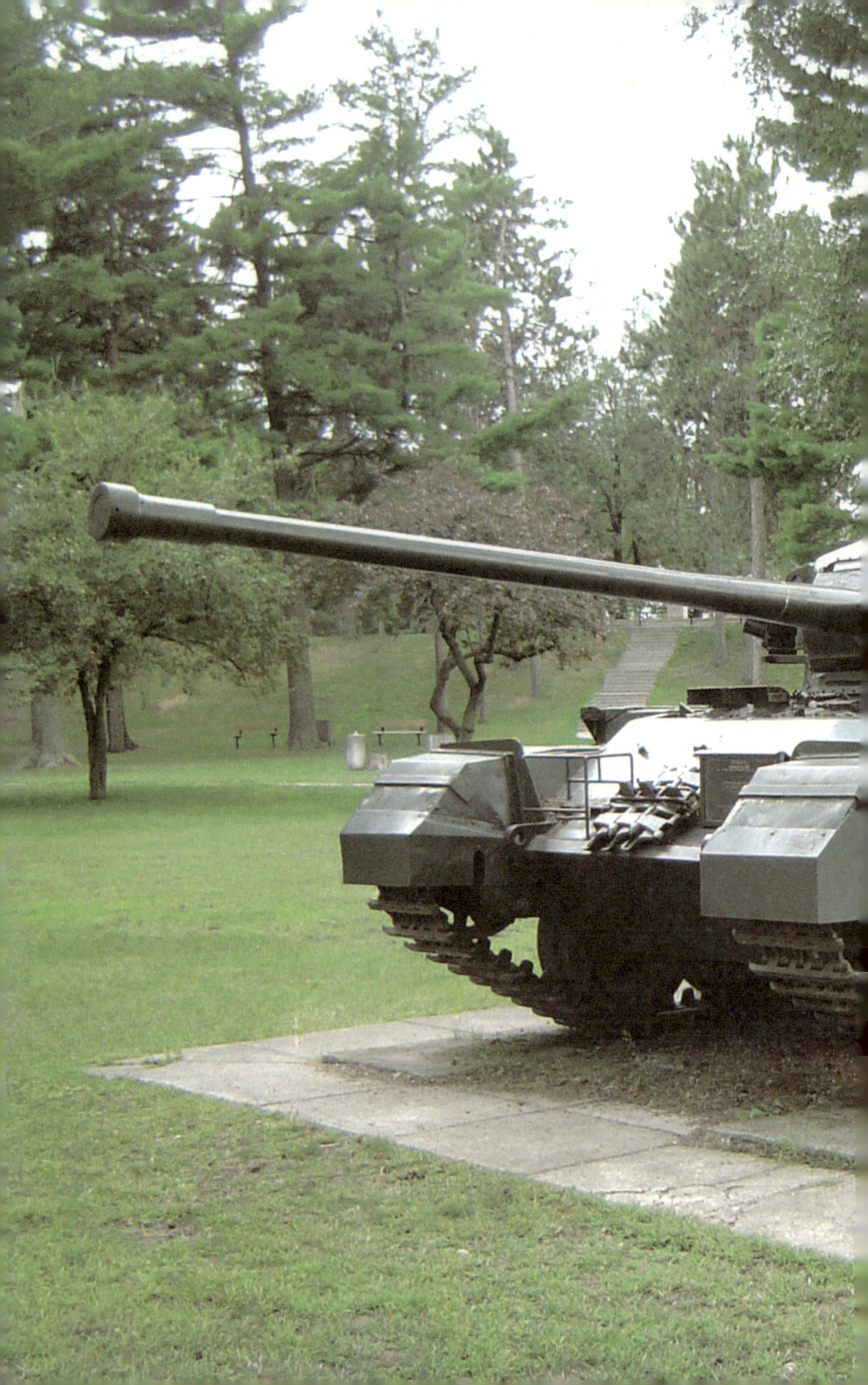

> 作为纪念碑保存的"百夫长"MK-3型坦克

二战期间，英国曾设计了一款相当成功，也是西方国家的首辆主战坦克——"百夫长"；正是这款主战坦克成功的设计转型，使得英国由此步入现代主战坦克的新纪元。1945年11月，"百夫长"坦克开始大规模生产，虽然此时二战已经结束，但"百夫长"的优异性能使之跻身世界主战坦克的经典之列。

在战后的历次局部战争中，"百夫长"坦克始终是一个极其出色的佼佼者：它除了参加朝鲜战争外，还被广泛用于印巴战争、越南战争、中东战争、两伊战争和安哥拉战争等，经受了各种战火考验。

二战爆发后，美国没有立即参战，但却开始加紧研制轻、中型坦克。激烈的欧洲战场确定了单炮塔坦克的地位，而美军重型坦克最初依然设计成多炮塔。例如美国T-1坦克就有4个炮塔，其中两个主炮塔中各装一门75毫米T6坦克炮；主副炮塔都采用电动旋转。但大量实验和实战教训迫使美军重型坦克重新选择采用单炮塔。

1941年9月，被命名为M4"谢尔曼"的中型坦克，是第二次世界大战中后期极为著名的坦克，也是二战中生产数量最多的坦克，总生产量达到了近5万辆（49234辆）。早期M4坦克装有75毫米M3型坦克炮，可以发射穿甲弹

> 装备有长管 76 毫米炮的 M4 中型坦克。该车是著名电影《狂怒》里面主角座驾的原型

和榴弹，使用多型弹种，是一款通用性较强的坦克炮。在二战后期的坦克战中，美国的 M4"谢尔曼"中型坦克发挥了巨大的作用，因而在世界战车史上，占有非常重要的地位。

随着坦克技术的不断提升，打击力及防护力明显加大，技战术性能指标持续增强，以及坦克作战效果的日渐扩大，陆地战场开始了以坦克为主要代表的机械化新时代。

TA

世界主战坦克
全扫描

性能卓越的美国 M 系列坦克

20 世纪 60 年代起，美国采用全新技术开始研发一种新的主战坦克，以期全面超越以往 M-46、M-47、M-48 巴顿系列坦克。在这之后，美国两家著名的大公司展开了激烈的竞争，而新一代 XM1 主战坦克则是双方较量的项目。1973 年，克莱斯勒军品部门与通用汽车公司分别进行各自的研发，并定于 1976 年分别推出一款全新研发的坦克。最终的评估测试是严格的、残酷的，结果克莱斯勒公司军品部设计的坦克多项指标性能优异而获胜；这也就是今日的 M1 坦克。

> 正在进行越野测试的 XM1 主战坦克

> 早期安装了 105 毫米主炮的"艾布拉姆斯"M1 主战坦克,但是后期量产型都改用了 120 毫米主炮

不过,历史总是开玩笑!仅仅过了六年,1982 年克莱斯勒公司便将它的军品部卖给了通用动力公司;这样它所研制生产的 M1 坦克,就顺其自然变成了通用动力公司下属的陆地系统公司的产品了。

"艾布拉姆斯"M1 系列主战坦克是美国通用动力公司陆地系统部门为美国陆军及美国海军陆战队设计生产的第三代主战坦克。"艾布拉姆斯"的名字源自美国前任陆军参谋长,曾经的第 37 装甲团指挥官和驻越美军司令官的克雷顿·艾布拉姆斯陆军上将。

> 行驶中的 M1 主战坦克。注意其炮塔顶部的车长独立式周视热成像瞄准镜

  M1 主战坦克自正式推出以来，先后经过数次改进：其中 M1A1 坦克则于 1985 年开始生产，1986 年正式装备；而 M1A2 坦克于 1993 年开始装备部队。如今，美军主战坦克拥有 M1A1、M1A2、M1A3 三个重大型号、十余个次级改进型，综合作战能力不断提升。总体来看，M1 系列坦克外形差别不大，M1 主战坦克采用常规总体布局，驾驶员在前，炮塔居中，动力和传动系统后置；车长和炮长位于炮塔右侧，装填手在左侧。车长操控顶部 12.7 毫米机枪，炮长操控顶部 7.62 毫米机枪。至于 M1A2 与 M1A1 两者的一个很主要区别是，M1A2 炮塔左上顶圆筒形突出物，即车长的独立式周视热成像瞄准镜。

M1 坦克的最大创新是操纵方式，它采用了更为简便的类似于摩托车的 T 形操纵杆，驾驶员通过扭动手中的把手，就可以实现对坦克两个履带行驶方向和速度的控制。当驾驶员需要转向时，只需将两个把手同时向相反方向拧，坦克就会在原地开始旋转。这种 T 形操纵杆用起来比方向盘灵活得多，这项改进虽然不大，却让坦克变得十分容易驾驶，极大节省了驾驶员的体力，驾驶员能够把精力更集中于观察周围情况，对提升坦克的作战能力帮助很大。

　　M1A1 和 M1A2 坦克给在炮塔上车长使用的 12.7 毫米重机枪加上了遥控操作设备，装填手使用的 7.62 毫米机枪则加上了具有夜视瞄准仪的防护盾。此外，还在装甲比较脆弱的部位加强防御，例如在侧裙加上爆炸反应装甲及在车体后部加上栅栏。M1A3 坦克（M1A2SEP V3 主战坦克）将重新设计车体和炮塔，改动幅度较大，需要新生产的部件过多，造成成本难以控制。

> M1A3 主战坦克的模拟图

> 正在开火的 M1A1 坦克

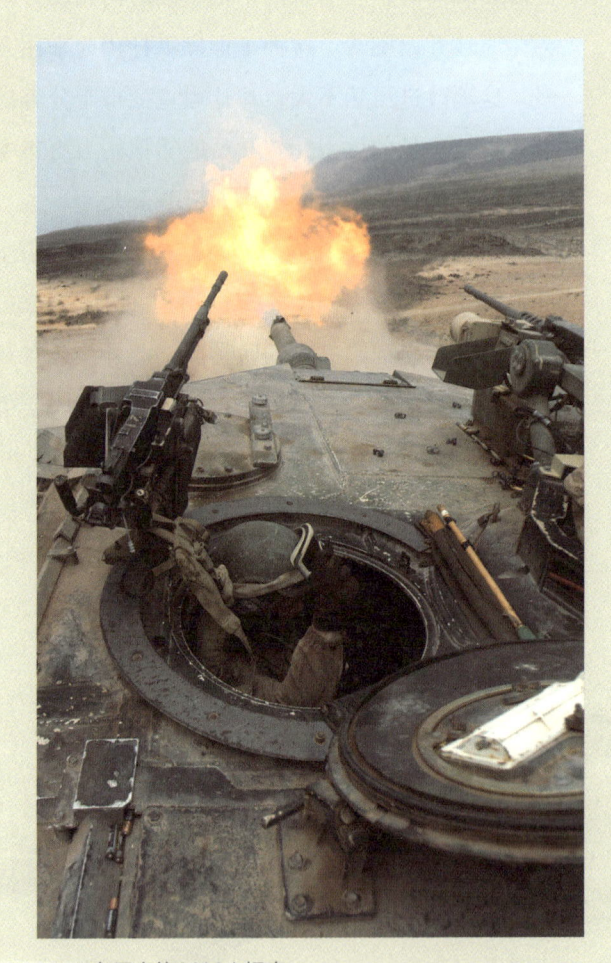

M1坦克上装有先进的射控/观测系统，由钕-钇石榴石激光测距仪、能在烟雾中有效运作，而且不伤害眼睛的二氧化碳激光测距仪、安装于稳定仪上的日/夜红外线热影像仪以及数字式射控计算机组成。激光测距仪较传统光学测距仪有操作简便、作业迅速与精确度很高的优点，而由休斯制造的热影像仪的探测距离达12千米以上，使M1坦克拥有极佳的夜战能力，操作时也能与激光测距仪相互校正。

　　被弹面积极大关系到坦克的安全与防护。为了进一步缩小被弹面积，M1坦克被设计建造得更加紧致。此外，M1坦克最重要的创新是在车头以及炮塔正面等最易受攻击的部位，加装了复合装甲。M1坦克没有被复合装甲保护到的部位均由高级钢甲构成，这样既可降低造价，又能减轻重量。除了装甲之外，M1坦克还采取了多项周密的防护设计，来保障中弹以后的人员存活率，例如炮塔尾端的主炮弹药舱顶部装有三块泄爆板；一旦弹药被引爆时，能将爆炸威力诱导向上，而不是波及车内人员和设施。

　　M1坦克的主炮炮弹大多数位于炮塔后方的主弹舱内，中间用一道坚固的防爆活门与乘员舱分隔；这道隔门非常坚固，足以承受大量弹药爆炸时的威力。因此，炮塔尾部主弹舱内的弹药被诱爆时，主要爆炸威力会由弹舱顶部的泄压板宣泄而出或者将较为薄弱的炮塔尾部炸开，战斗室内的人员在强化隔门的保护下不会受到直接波及。M1坦克的两侧设有侧裙，一方面保护悬吊系统，另一方面也能局部抑制行驶时扬起的沙尘，提升隐密性。

> 正在调装 AGT-1500 燃气轮机的 M1 主战坦克

在世界现役坦克中，M1坦克的"心脏"相当强劲，是车载主发动机中唯一采用燃气轮机的。这种AGT-1500燃气轮机长1.6米、宽1.016米、高0.711米；质量为1120千克，标定功率1103千瓦（1500马力），单位功率18~22千瓦/吨。这种燃气轮机的最大特点，是它的转速可达到柴油机的10倍左右，且燃气轮机既不需要散热器，也不需要使用水、防冻液或者其他冷却剂，因此，也就省去了笨重而复杂的冷却剂供给装置。在实战中，燃气轮机还有着柴油机不可比拟的优势：一是启动燃气轮机只需要1分钟，而启动柴油机首先得预热，然后还需要经过30分钟才能起动；二是车辆在泥泞中行驶时，或在通过垂直障碍时，燃气轮机不会熄火，而柴油机则不行；三是燃气轮机维修方便，检修一台燃气轮机只需要4小时，而检修一台柴油机却需要24小时。不过，AGT-1500燃气轮机也有一些缺点：它虽然马力大，但在低速时，燃油的燃烧效率很低，低速行驶时比柴油发动机耗油大许多。M1主战坦克（战斗全重近55吨）如果要行驶500千米路程，必须装载1900升以上燃料；这与使用柴油发动机的德国豹2坦克相比，后者重55吨，同样行驶500千米，却只需要1200升的燃料，M1所需油量实在太多。

出于适应M1A2坦克动力的需求，美国下决心于1987年8月成功推出LV-100动力系统，并进行了首次试验。LV-100动力系统由美国通用航空发动机制造厂与莱康明公司共同研制，德国MTU公司也参与制造的新一代燃气轮机：其功率为1119~1920千瓦，输出转速为3000转/分钟。与AGT-1500相比，LV-100零件数量减少了43%，保养费用降低30%，平均无故障运行时间增加了40%，油耗也远远低于AGT-1500燃气轮机。1995年，LV-100完成全尺寸样机实验和鉴定，正式通过军方验收。自此，LV-100动力系统名正言顺成为了M1A2坦克的主要动力系统。

勇挑大梁的英国"挑战者"克

20 世纪 70 年代,英国陆军装备的仍是性能已显落后的"酋长"主战坦克。为此,英国国防部长曾经发话:"何时我们才能有一款性能更好的新坦克?"

不久,军方便协调有关研制厂商计划于 1978 年研制了一款全新的 MBT-80 主战坦克,以用来代替"酋长"坦克。不过,由于技术不够成熟,两年之后的 1980 年,这项研制计划被迫下马。

> 失败的 MBT-80 主战坦克项目的原型车,如今成为博物馆的珍稀展品

进入 20 世纪 80 年代末 90 年代初，英国陆军部队至少有 7 个坦克团、600 多辆的"酋长"坦克需要换装。1987 年，忍无可忍的英国国防部终于发布了"酋长坦克换装大纲"（CRP）。这一回英国国防部干脆采取国际招标竞争；结果英国维克斯公司研发的"挑战者"第三代主战坦克中标。

长期以来，英国人在坦克设计与建造上一直保持自己的独特风格。"挑战者"主战坦克就是一个最好的例证。这款坦克一直保留着英国人传统偏爱使用的线膛炮，从而使得英国陆军成为目前世界陆军中少有的依然使用的线膛炮，而不是用滑膛炮作为主炮的坦克。

实际上，即使二战后很长一段时间内，线膛炮也一直是各国坦克上的火炮主流，例如英国的 105 毫米 L7 线膛炮、苏联的 100 毫米 D-10 线膛炮，美国的 90 毫米 M41 线膛炮等，它们构成了战后第一代经典坦克火炮的集中代表。

不过，进入 20 世纪 60 年代后，随着苏军 T-62 坦克在莫斯科红场阅兵时的亮相，该型坦克上的 2A20 式 115 毫米口径滑膛坦克炮以其别出心裁的设计，一下子颠覆了线膛炮的传统地位，由此线膛坦克炮与滑膛坦克炮开始了坦克上主炮地位的激烈争夺。

> 阿富汗军队装备的苏制 T-62 坦克。尽管已经服役了超过半个多世纪，T-62 坦克的改进型仍活跃于部分国家的装甲部队中

经过无数实战与大量实验都证明，脱壳穿甲弹的弹体与普通穿甲弹弹体一样，也需要通过火炮身管膛线赋予的旋转来保持飞行；然而受材料水平的限制，这种旋转稳定要求弹的长度和直径之比不能超过 5:1，否则在炮管中的高速旋转将会降低弹的结构强度，精度也会随之下降，并且在弹头接触装甲时极容易跳弹。

众所周知，增加弹体长度和长径比是提高弹丸着靶比动能的两个重要元素；滑膛结构在这方面无疑有着天然的优势，因为滑膛坦克炮在发射长杆高速动能脱壳穿甲弹时，完全不需要旋转稳定，而是可以通过在弹芯尾部加装尾翼的方法，来保持飞行稳定性。

继苏联 2A20 滑膛炮之后，西方国家也在 L7 105 毫米线膛坦克炮的换代产品 RH120 上采用了滑膛结构，世界主流坦克炮由此进入了滑膛时代。但英国人在两代 120 毫米坦克炮上却继续坚持了线膛炮的路线：L11 120 毫米线膛坦克炮被装到了"酋长"坦克上，而 L30 120 毫米线膛坦克炮则被装到了后续两款"挑战者"上。

> 装备 120 毫米线膛炮的"酋长"主战坦克至今仍在服役中

> 海湾战争时期,在科威特城执行任务的"挑战者"1型主战坦克

　　1984年正式装备英军陆军部队的"挑战者"主战坦克,后来又出现了它的多种改型:"挑战者"1型、"挑战者"2型等。"挑战者"坦克的主要武器包括:1门L11A5式120毫米线膛坦克炮、1挺与主要武器并列安装的7.62毫米L8A2式机枪和1挺安装在车长指挥塔上的7.62毫米L37A2式高射机枪;全车乘员4人。

与"挑战者"1型相比,"挑战者"2型继承了它的基本布局,但取消了炮塔外部的杂物箱,炮塔外观显得十分简洁。"挑战者"2型坦克的战斗全重62吨,体重偏重,但是动力依旧沿用了CV-12柴油发动机,输出功率为1200马力,最大公路速度为59千米/小时,越野速度40千米/小时,在现代坦克中这个速度值是最低的。"挑战者"2型坦克的主要武器是一门L-30A1 120毫米55倍径线膛炮,载弹52发。当然,倍使英军自豪的是:在伊拉克战争中,该型坦克曾经创造过5600米外命中伊拉克T-72坦克的佳绩;要知道这个射程,几乎就是"陶"式反坦克导弹射程(它的最大射程为3750米)的1.5倍。

> 行驶在德国卑尔根-霍恩训练营地的挑战者2型主战坦克

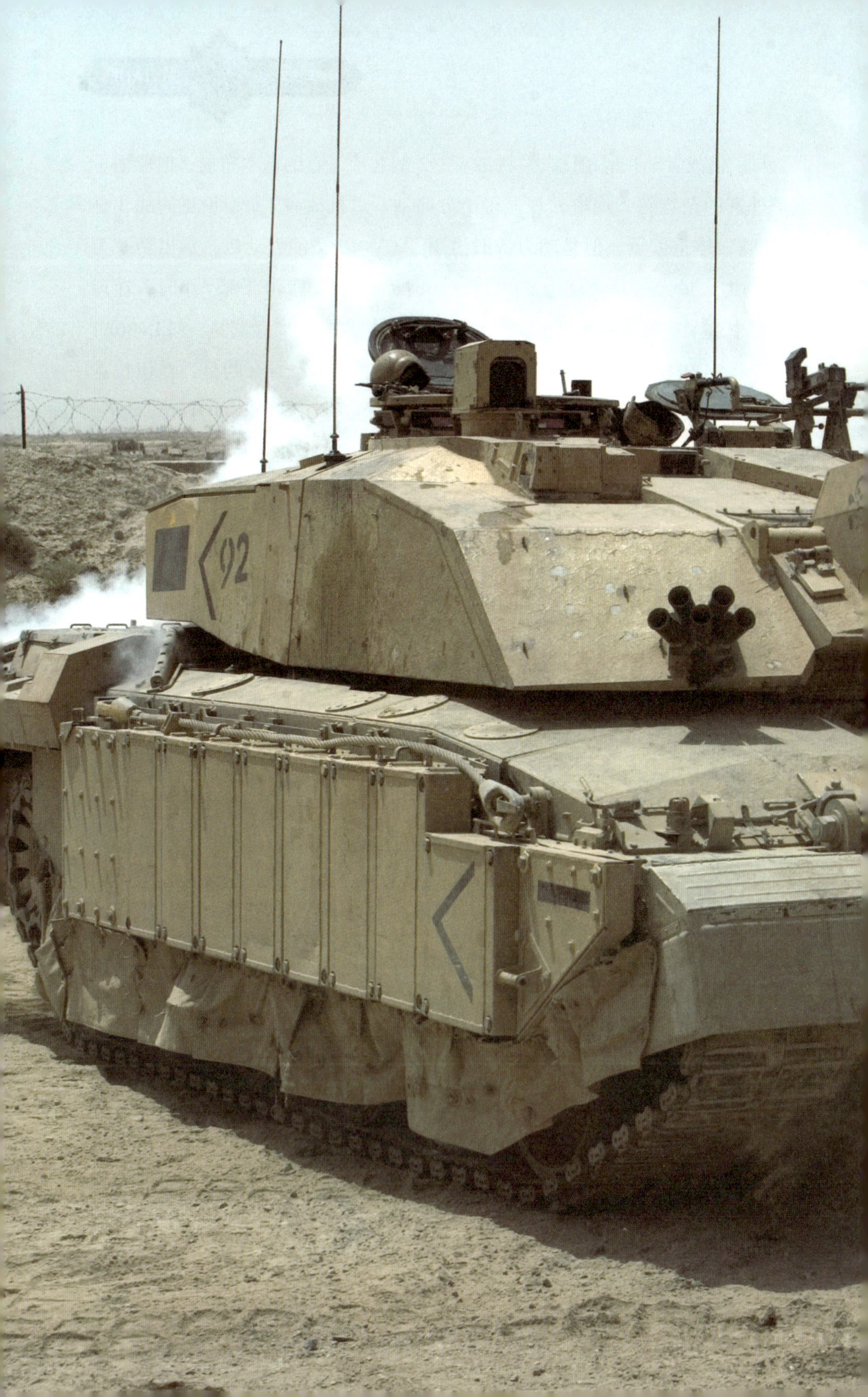
92

> 在伊拉克执行任务的"挑战者"2型主战坦克

此外，"挑战者"2型主战坦克还换装了第二代"乔巴姆"复合装甲，整体防护能力大幅提升。英国人曾很自豪地声称，"挑战者"2型主战坦克的防护水平要超过美国M1A2坦克。"乔巴姆"复合装甲是二战以来在坦克防护方面公认的最显著成就。与等重量钢质装甲相比，不仅大大提高了对抗破甲弹和碎甲弹的能力，而且体积和重量增加不多；例如装有"乔巴姆"装甲的"挑战者"1坦克比"酋长"MK5型仅增重7吨，但两者装甲防护能力却有极大的差别。1991年2月25日，装备157辆"挑战者"1型坦克的第7装甲旅奉命向科威特城进发，行进途中与数量明显占有优势的伊拉克坦克部队遭遇，经过一整夜激烈的战斗，英军以无一坦克受损而击毁伊军300辆T-72等型号坦克的战绩而大获全胜。

在伊拉克战场上，英军一辆"挑战者"2型坦克在持续几小时的激烈遭遇战中，被8枚"米兰"反坦克导弹和反坦克火箭所击中，同时还有无数小口径机枪炮对其近距离扫射。但所受到的损伤也只是观测器受损，乘员则安然无恙；这辆坦克返回基地后只花了6小时整修，便又再度出发作战。

在2003年的伊拉克战争中，"挑战者"2型坦克曾遭遇一场规模空前的坦克战。那是2003年3月17日的傍晚，被英军包围的巴斯拉镇，伊军集结了上百辆坦克准备突围；英军发现苗头不对，立即调集各种坦克、地面火炮，并召唤美军的空中火力进行予以支援。英军利用夜幕掩护，以"挑战者"2型坦克作为主要突击火力，加上自己的地面火炮与美军空中飞机的火力实施联合打击，结果大获全胜。伊军在遭受重大损失后，只好被迫退回原阵地。

不过，"挑战者"2型坦克也有很多方面表现得并不尽如人意，尤其是防护力方面，有时低下到令人难以想象的地步。在伊拉克战场上，"挑战者"2型坦克屡屡受到对方单兵反坦克武器、大规模简易爆裂物或近距离瞄准脆弱部位猛攻等情况，发生了多起严重毁伤事件。2006年8月，一辆"挑战者"2型主战坦克在伊拉克南部遭到游击队伏击，一枚RPG-29火箭击中车头下部，引爆反应装甲后继续贯穿车体，喷流进入驾驶舱，驾驶员的腿受伤，最后失去三根脚趾；其余两名乘员受轻伤。2007年4月6日，又有一辆"挑战者"2型主战坦克行进在巴斯拉的道路上遭到爆炸物袭击，驾驶员受伤被迫截肢。

> 整装待发的"挑战者"2型主战坦克。随着现代化武器的日益革新,坦克的未来之路在何方确实值得关注

如今,已服役30多个年头的"挑战者"主战坦克,是否有其后继者?英国坦克的未来究竟如何发展?是设计建造一种型号更新、性能更优的主战坦克,还是干脆就在英国陆军中取消这种地面装备?

时至今日,英国各方争执仍持续不断,一时尚无明确的定论!毕竟,在未来信息化的战场上,坦克是否仍能继续保持住往日的风采和强大的威力,持怀疑者的确大有人在。

全球首款四代主战坦克——法国"勒克莱尔"

二战结束后，法国人在检讨战争的惨败教训时，认为过份依赖"完全防御"是个绝对的错误！而"马奇诺防线"就是一个最典型的例子。但如果要采取攻势，就必须把坦克的机动性放在第一位，如此就得减轻装甲的重量，增大火力。此外，法军还认为：无论坦克装甲厚度如何增加，总会被更新的反装甲武器轻易击穿。在这之后，法国陆军使用的多种坦克，如AMX-13、AMX-30等，都是将发展机动性放在优先位置，而在很大程度上牺牲装甲厚度的轻型坦克。

> 法国战后第一代主战坦克AMX-30。该坦克的火力和机动性均非常优秀，但装甲十分贫弱

陆战王中王　TANK

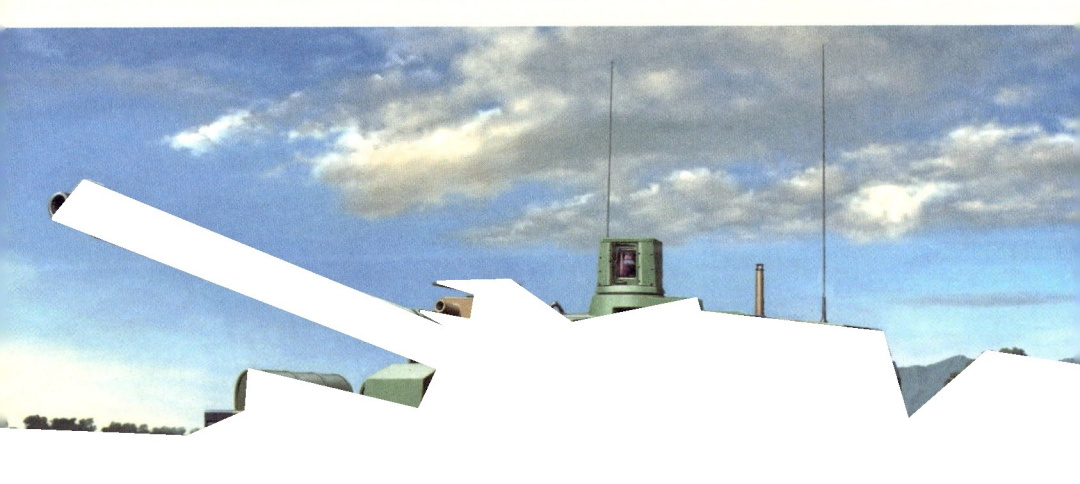

> 勒克莱尔主战坦克的画作

　　早在1978年，法国地面武器集团研制就着手研制了一款先进主战坦克——"勒克莱尔"；1983年该坦克进入技术验证阶段。1986年1月30日，该主战坦克被正式命名为AMX"勒克莱尔"。之所以选用这个名字，主要是纪念二战期间率领法国装甲2师解放巴黎的法国菲利普·勒克莱尔元帅。1991年12月，第一辆"勒克莱尔"主战坦克生产型出厂，次年1月14日交付法国陆军。法国陆军先购买了200余辆"勒克莱尔"主战坦克，后又于2000年订购了另外96辆该型坦克。

> 勒克莱尔主战坦克的炮手位置细节图。可以看出该坦克的设备非常现代化

法国人自称"全球第一种第四代主战坦克"、当然也有人称之为"20世纪最后传统构型主力战车"的"勒克莱尔"主战坦克，其主炮沿用AMX-30坦克以来的典型法式CN-120-26型。不过，为了追求内弹道性能而未设置炮膛排烟器，改从战斗室内以压缩空气将开火后的炮管内烟硝吹除。CN-120-26火炮能间瞄射击，并通过射控系统与观测系统同步动作。CN-120-26具有铝美合金炮身热套筒，防止炮管受热变形，除了GIAT开发的弹药外，还能使用北约制式120毫米滑膛炮弹药。不同于美国的M1与德国的"豹"2，"勒克莱尔"的主炮采用自动装填系统，编制3名乘员（没有装填手），自动装填不仅能减少人力需求，坦克的结构也更加紧致，还大幅提高了射速（每分钟12-15发）。这种CN-120-26型120毫米52倍径滑膛炮，曾一度"荣膺"西方世界炮身最长的坦克用滑膛炮；直到1990年代末期德国"豹"2A6和配备120毫米55倍径滑膛炮亮相时才退居次席。

"勒克莱尔"坦克的弹药主要是120毫米APFSDS F1A尾翼稳定脱壳穿甲弹，有效射程4000米；120毫米HEAT-MP F1高爆穿甲弹（采用锥形化学能装药弹头），有效射程3000米；120毫米HE F1高爆榴弹，有效射程超过4000米，主要用于对付人员、建筑物、轻装车辆等软式或半硬式目标。虽然"勒克莱尔"坦克目前使用的是120毫米主炮，不过在设计之初就预留了换装140毫米主炮的空间。

为了提高机动性,强劲的动力将是一个极其重要的因素。"勒克莱尔"主战坦克采用了一台体积小、重量轻、易启动、功率高,且不冒黑烟的新型SCAM V8X-1500 8汽缸水冷涡轮增压柴油发动机,由SAGEM的电子控制系统监控,搭配采用微处理器控制与静液压转向机构先进ESM-500自动变速箱。当它每分钟2500转时,可达1500马力最大输出功率,此外具备原地回转能力;加之"勒克莱尔"坦克的重量较轻,所以功率质量比高达28,超过了美国的M1和德国的"豹"2坦克。

> 在复杂环境下执行作战任务的"勒克莱尔"主战坦克

> 行驶在街头的勒克莱尔主战坦克

  此外，"勒克莱尔"坦克还使用了一组涡轮机械公司的TM-307B辅助动力系统，包括一具涡轮和发电机等，能在主发动机关闭时提供车上装备运作所需的电力，例如为车上电瓶充电、提供动力给炮塔与射控系统进行接战，或者在冷车的情况下启动发动机。为了简化后勤维修作业，"勒克莱尔"的发动机、变速箱、冷却装置与辅助动力系统等相关动力输出组件均结合成一个紧凑的矩型包件，所以动力包件的更换与维修作业十分简便，50分钟内可更换完毕，远低于AMX-30所需的180分钟。毫无疑问，动力系统紧致化是"勒克莱尔"体积大幅缩减的关键因素。"勒克莱尔"还应用了一项关键技术：油箱本身附带的抽油泵，它能从一般的燃油筒中汲取燃油，并在8分钟内加满油箱。

> 高速行驶中的"勒克莱尔"主战坦克。现代坦克都具备了移动中射击的能力

"勒克莱尔"主战坦克不仅注重机动性与火力,其实也非常注重提高自己的防护能力。可以说,它是继以色列"梅卡瓦"MK3之后,世界上第二种使用模块化装甲技术的主战坦克。该坦克主要采用钢制全焊接车体与炮塔,车体与炮塔本身拥有一层基底装甲,炮塔四周可以加挂复合装甲。"勒克莱尔"坦克炮塔四周、炮盾、车体正面,以及侧裙等,不需要螺栓或铆钉,就可以加挂模块化装甲,而且安装非常容易。目前"勒克莱尔"坦克的模块装甲是西方先进战车普遍采用的陶瓷复合装甲,炮塔上的则为箱式复合装甲,对动能穿甲弹与高爆穿甲弹都有极佳的防御效果。

"勒克莱尔"主战坦克拥有良好的搜索打击能力：当炮手用瞄准器与主炮接战某一个目标时，车长就能用他的独立瞄准仪搜索下一个目标，等炮手接战完毕便按下按钮，自动将炮塔转向新的目标，让炮手立刻进行新的标定与射击工作。此外，车长如果在炮手追描一个目标时发现另一个更有价值的目标，便能操控炮塔去对准新的目标。该坦克可在 4000 米以上的距离发现目标；在 2500 千米以上的距离完成目标辨识、锁定并展开射击，越野行驶时的主炮首发命中率高达 95%，在实际测试中创下 35 秒内连续命中六个目标的纪录。

　　"勒克莱尔"坦克上的 120 毫米 52 倍径滑膛炮拥有精准的射击能力，这主要得益于自动化程度极高的精密火控系统。一般来说，陆战火炮、坦克主炮、战术火箭和导弹、机载武器（航炮、炸弹和导弹）、舰载武器（舰炮、鱼雷、导弹和深水炸弹）等大多配有火控系统。非制导武器配备火控系统，可提高瞄准与发射的快速性与准确性，增强对恶劣战场环境的适应性，更充分地发挥武器的毁伤能力。制导武器配备火控系统，由于发射前进行了较为准确的瞄准，可改善其制导系统的工作条件，提高导弹对机动目标的反应能力，减少制导系统的失误率。坦克火控系统是控制坦克火炮瞄准和发射的系统，用以缩短射击反应时间，提高首发命中率。早期的坦克火控系统是从舰艇火控系统改进而来的，与其称之为火控系统，不如根据其早期只具有较为单一的功能，称其为单自由度垂直稳定系统。不过，这种稳定系统，在停车射击时可以缩短反应时间，但不能做到移动射击。

　　"勒克莱尔"坦克上的火控系统以中央处理器为核心，连接车上所有的目标观测器、传感器、弹道计算机与所有的稳定系统（包括观测器与主炮）。接战时，射控计算机通过观测系统传来的数据自动进行目标信息整合；此外也获得大气感测装置获得的数据资料等，计算出射击参数。"勒克莱尔"的主炮稳定系统、主炮俯仰系统以及炮塔旋转系统，可以保证炮塔做到自动定向，主炮永远指向目标并抵销行驶时的摇晃震动带来的误差。

长踞世界坦克"头牌"的德国"豹2"

很长一段时间，德国的"豹2"坦克占据着世界十大主战坦克排行榜"头把交椅"。经过几十年的不断改进与技术更新，如今已经发展成为一个庞大的主战坦克家族。

早在1956年，当时的联邦德国便和法国、意大利三国确立了设计欧洲型主战坦克的联合要求。1959年，联邦德国和法国开始分别研制各自的坦克样车，原计划从中选择一种优秀的坦克样车进行生产，后因涉及两国利益分配不均，结果未能达成协议。于是，

> 战后德国自行研制的第一代主战坦克"豹1"，时至今日仍在一些国家中服役

> 装有105毫米主炮的"豹2"原型车

法国研制成 AMX-30 坦克，联邦德国研制成"豹1"坦克，意大利则先生产 M60A1 坦克，后改为生产"豹1"坦克。

20 世纪 60 年代之后，德国主战坦克进入一个发展的关键阶段，究竟是否自主继续发展本国的后继型号坦克，还是联手研制一款新的主战坦克？联邦德国各公司最初确实有点茫然和无序。1968 年，欧洲最大的地面战斗车辆研制和生产厂商——联邦德国克劳斯·玛菲公司，获得了一项价值 2500 万德国马克的合同，要它们及早制造两辆新坦克样车。这种新坦克与后来的生产型"豹1"A3/"豹1"A4 坦克颇有点相似，装有改进型火控系统、不同的稳定装置、新型发动机和传动装置；火力包括：1 门 105 毫米线膛坦克炮、1 挺 7.62 毫米并列机枪和 1 挺 7.62 毫米高射机枪。

1970年，联邦德国做出了研制"豹2"主战坦克的正式决定。1972-1974年间，克劳斯·玛菲公司先后制造出16个车体和17个炮塔，所有样车均装有MBT-70坦克的伦克公司传动装置和MTU公司的柴油机。1977年，联邦德国再次确定克劳斯·玛菲公司为主承包商，并签定了大量生产"豹2"坦克的合同；在1800辆订货中，克劳斯·玛菲公司生产990辆，其余810辆由克虏伯·马克公司制造。1978年年底，第一辆预生产型"豹"2坦克交给联邦德国国防军部队训练。1979年10月，由克劳斯·玛菲公司在慕尼黑交付第一辆生产型"豹2"坦克。到1982年底，"豹2"坦克的年产量达到300辆。

"豹2"主战坦克战斗全重55.15吨，最大公路速度72公里小时，最大行程550公里。该坦克车体由间隙复合装甲（钢板之间以一小段距离隔开的装甲）制成，分成3个舱，驾驶舱在车体前部，战斗舱在中部，动力舱在后部。驾驶员位于车体右前方，有一个向右旋转开启的单扇舱盖和3具观察潜望镜，中间一具潜望镜可以更换成被动夜视潜望镜。一般来说，坦克潜望镜具备夜视功能，结合火控系统，它既可以用来观察目标，还可用于瞄准目标，包括夜间瞄准目标；但是它所发现到的目标是实际距离，不能够放大。而潜艇上使用的潜望镜能够对目标进行放大，观察距离比坦克要远很多，因为海平面没有遮挡物，这样便于潜艇发现远处目标；再者，潜艇是单独的火控系统，潜望镜只用于观察目标。

坦克驾驶舱左边的空间储存炮弹。炮塔在车体中部上方，车长和炮长位于右边，装填手位于左边。炮塔后部有一个可储存部分炮弹的大尾舱；炮塔顶上有两个舱盖，右边一个是车长舱盖，左边一个为装填手舱盖；炮塔左边有一个补给弹药用的窗口。

"豹2"主战坦克极具创新精神，采用了大量的当时一流的技术和武器装备；例如，它率先使用了120毫米口径主炮、1500匹马力柴油发动机、液压传动系统、高效能冷却系统和指挥仪式火控系统。可以说，在很多方面，它都是西方国家20世纪末、21世纪初主战坦克的"标杆"。

> 垂直方正的炮塔前装甲是"豹2"A4及更早型号坦克的外观特征之一

　　"豹2"主战坦克共有A1~A7等多个型号:"豹2"A1型丁1979-1983年间生产,是产量最多的主战坦克,总数达到1130辆。"豹2"A2型是"豹2"A1型的升级改进型。而1984年开始生产的"豹2"A3型,则是在"豹2"A2型坦克上,采用了较短天线的新型SEM80/90电台,并为炮长增加了便于瞄准和射击的依托支架,产量为300辆。从1985年开始生产的"豹2"A4型,产量为370辆;它在"豹2"A3型上加装了数字式设备,配有弹道程序,还有模拟训练用的射击模拟器和自动灭火抑爆系统。与此同时,德国翻新改造了之前所有的老型号,统一为"豹2"A4型号标准。

> "豹2"A5坦克的炮塔前部楔形装甲内部构造

　　1994年1月，以大套件方式升级改造了"豹2"A5型。这项改型是对225辆"豹2"A4型坦克进行升级改造；"豹2"A5型增强了装甲防护，火控系统也有重大改进，战斗全重增至59.7吨。从1999年起，德国又定型了"豹2"A6型，它在"豹2"A5基础上换装了55倍口径的120毫米滑膛炮，使用新型穿甲弹。

　　有一款主战坦克颇使德国人欣慰，即"豹2"PSO型。2006年"豹2"PSO型为"豹2"A5型的改装版；之所以选择"豹2"A5型而不选"豹2"A6型，是因为"豹2"A6型主炮的身管长，不利于炮塔在狭窄的街道转动，但它采用了"豹2"A6型的许多先进技术。

意为"维和行动车"的"豹2"PSO型,人们更愿意称它为"城市豹"。"城市豹"可全天候昼夜24小时在城区巡逻作战,车体四周布设摄像系统,增加了乘员在坦克闭窗后对周围环境的观察力。它的坦克炮可发射经过编程的高爆榴弹,能穿透三层墙体后击杀隐藏目标;辅助武器的打击俯仰角大,可攻击躲在高层楼房或其他角落袭击的敌人,大大提升了坦克的自卫能力。车前的推土铲,可随时清除行动障碍。

> "城市豹"可全天候昼夜24小时在城区作战,车体四周布设摄像系统

当然，城区作战时，坦克所面临的主要威胁来自以多种角度爆炸的地雷、简易爆炸装置（IED）和直瞄射击武器，如广泛使用的RPG-7火箭筒。"豹2"PSO型坦克除安装有新型防地雷组件（提供抵御反坦克地雷和爆炸成型穿甲弹的防护能力）之外，还在前部第5个负重轮的上部装备新型先进被动装甲侧裙部组件，附加外部炮塔侧部装甲也扩充到炮塔框架的后部。

"豹2"系列主战坦克的最新一款是"豹2"A7型。德国克劳斯·玛菲公司研制的这款主战坦克也是在"豹2"A5型的基础上升级而来的，2014年下线并交付销售给国外用户，主要适于传统军事作战和城区作战。作为目前世界上现有的最先进的城市战主战坦克——"豹2"A7型坦克的战斗全重达67吨，设计与建造上有许多独到之处：一是"豹2"A7型采用的是44倍口径120毫米滑膛坦克炮，而德国在豹2A6坦克上采用的是55倍口径120毫米滑膛坦克炮。之所以采用短管主炮，是因为作为一款主打城市战的主战坦克，较短的火炮身管可有效降低坦克的整体尺寸，便于其在城市的有限道路中进行有效机动。而"豹2"A6型采用的55倍口径坦克炮的炮管，比"豹2"A7型的44倍口径火炮长了1.3米，这对灵活性的影响显而易见。二是较短的火炮身管有助于提升火炮的最大仰角。与二战时期的大规模城市战、巷战不同，当今世界城市高层、超高层建筑众多。但现役主战坦克的主炮最大仰角多在

> 在 2010 年展会中展出的"豹 2"A7 型主战坦克

15°~20°之间;当距离在 300 米的时候,坦克主炮就无法射击 30 层大楼的顶层。三是"豹 2"A7 型坦克首次将遥控武器站作为坦克最初的原装装备。而在"豹 2"A7 型之前,各国在对主战坦克的初级城市战升级中,多是通过被动的加厚炮塔顶部装甲来抵御由楼房窗户射出的反坦克火箭或导弹。实战证明,这是一种既不治标也不治本的做法,更加积极的做法是使坦克获得全方位,尤其是对上半球范围进行火力打击的能力。目前,作为遥控武器站主要火力的重机枪已经足够。

1999年，德国国防军开始参与的科索沃秩序重建行动。"豹2"系列主战坦克首次参战，包括许多"豹2"A4型坦克和"豹2"A5型坦克，其中多辆曾与武装分子发生交火作战并被拍下来。而德军的"豹2"系列坦克在科索沃期间无战损记录。2001年阿富汗战争爆发后，加拿大向德国租借了20辆"豹2"A6M型用于战事。在2007年11月2日的攻击行动中，一辆"豹2"A6M型被地雷命中，但是没有任何伤亡。

> 希腊陆军装备的"豹2"A6型主战坦克。"豹2"系列坦克除了装备德国陆军，还外销欧洲的各个国家

> 叙利亚战争期间被击毁的土耳其军队"豹2"A4型坦克

  不过，近年来"豹2"系列坦克"零战损"的神话破灭，叙利亚战场上"豹2"A4型坦克被"短号"反坦克导弹频频击毁。下面，我们先说说反坦克导弹，它是用于击毁坦克和其他装甲目标的导弹，基于二战期间研制成功的小型反坦克武器发展而来。法国在20世纪50年代中期率先投入使用，继而在众多国家掀起了研制与使用高潮。它的问世，标志着反坦克武器从"无控时代"进入"有控时代"。历次局部战争，特别是海湾战争表明，反坦克导弹是当今最为有效的反坦克武器。与反坦克炮相比，反坦克导弹重量轻、机动性能好，能从地面、车上、直升机上和舰艇等各种作战平台上发射，命中精度高、威力大、射程远。

  通常，反坦克导弹主要由战斗部、动力装置、弹上制导装置和弹体组成。战斗部通常采用空心装药聚能破甲型。有的采用高能炸药和双锥锻压成形药型罩，以提高金属射流的侵彻效率。还有的采用自锻破片战斗部攻击目标顶装甲。破甲威力主要用静破甲厚度和动破甲厚度表示，有的导弹战斗部静破甲厚度可达1400毫米。

动力装置，通常指安装在导弹上的发动机；用固体推进剂产生推力，以保证导弹获得所需速度和射程。在导弹飞行的不同速度段上，发动机推力不同，起飞段(亦称增速段)推力较大，续航段推力较小。有的反坦克导弹上安装两台发动机，其中的起飞发动机赋予导弹起始速度，续航发动机用于保持导弹飞行速度。有的只装增速发动机，导弹增至一定速度后，便做无动力惯性飞行。还有的只装续航发动机，导弹射出发射筒后具有一定速度，由续航发动机提供保持这一速度的动力。弹上制导装置则是导弹制导系统的一部分，由弹上控制仪器、稳定飞行装置和控制机构等组成。其作用是将导引系统传输来的控制指令综合、放大，驱动控制机构，从而改变导弹飞行方向。寻的制导的反坦克导弹制导系统全部装在弹上。

再具体看看"短号"反坦克导弹。这种导弹是俄罗斯第三代轻型反坦克导弹，由俄罗斯图拉仪器设计制造局研制，1994年10月首次亮相，代号为

> 发射中的俄制"短号"反坦克导弹

> 体积小、重量轻的反坦克导弹系统由两名士兵即可操作

AT-X-14。"短号"反坦克导弹弹径152毫米，采用鸭式布局，前面有2片可以折叠的鸭式舵，弹体为圆柱形，尾部有4片折叠式梯形稳定翼，它的外形像AT-7"混血儿"导弹。便携式"短号"反坦克导弹可以采用俯姿、跪姿和立姿等多种姿势发射，而且发射前不需特别准备，非常简便。它的动力装置包括一台起飞发动机和一台续航发动机，起飞发动机把筒装导弹推出发射筒后，续航发动机便开始工作，使导弹获得240米/秒的最大飞行速度；导弹最小射程100米，最大射程5500米，夜间最大射程3500米。

"短号"反坦克导弹平时储放在发射筒内，发射筒和瞄准镜安装在三脚架上，可水平360°旋转。其支架可以调整，以便于在战场上固定到合适的位置，潜望瞄准镜安装在发射架的左边，左为高低手动控制装置，右为方向手动控制装置。在运输和机动过程中，发射器折叠成一个紧凑的结构，热像仪保存在密闭容器中，发射装置重29千克，发射筒（含导弹）重25千克，可以通过人力或其他运载工具运送到战场的每个角落。

小而弥坚的以色列"梅卡瓦"主战坦克

若论国土面积,以色列绝对是一个名副其实的小国,但要说武器装备方面,以色列在全球也都算是响当当的,称得上是世界一流的先进武器设计与制造国。以色列建国后不久,其国防军装甲兵部队陆续装备并使用了英国的"逊邱伦"坦克,美国的"谢尔曼"、M48和M60坦克等多型外国先进坦克。

> 以色列装备的美制"谢尔曼"坦克的魔改版本——"超级谢尔曼",可谓把老车的潜能挖掘殆尽

> 已经进入博物馆的"梅卡瓦"MK1型主战坦克

20世纪70年代之前,以色列曾先后使用美国的M48和英国的"逊邱伦"坦克底盘制造了许多坦克试验车,用来验证"梅卡瓦"坦克的设计思想。1974年,以色列自行制成第一辆"梅卡瓦"坦克样车。1979年,第一台"梅卡瓦"主战坦克即交付给以色列国防军,型号为"梅卡瓦"MK1。该坦克全重63吨,是当时世界上最重的主战坦克,也是当时世界上防护能力最强的主战坦克。

如果仅从表面上看，"梅卡瓦"坦克的基本性能有点一般，它的单位质量功率甚至刚刚超过同期生产的美国M1和德国"豹2"坦克的一半，公路速度也不过46公里/小时。然而，极其注重实战的设计理念使得"梅卡瓦"主战坦克在战场上如鱼得水，在1982年夏季的第五次中东战争（又称"黎巴嫩战争"）中虽然第一次使用，"梅卡瓦"MK1型便显示出了自己的威风，一举摧毁了叙利亚军队19辆苏制T-72坦克。1983年，"梅卡瓦"MK2型开始生产，但仅仅过了六年，即1989年末，"梅卡瓦"MK2型便停产了。"梅卡瓦"MK2型主战坦克上装设有105毫米主炮，并改装了火控系统和装甲，传动系统由MK1型的半自动改为以色列设计的四档自动排档箱。"梅卡瓦"MK2型的60毫米迫击炮被设置在车体之内，坦克乘员在开火时不用像"梅卡瓦"MK1型那样暴露在敌火力之下。从外观上来看，"梅卡瓦"MK2型最显著的识别特征是车体侧面的线条比MK1型更加平直，而且车体前部侧面的发动机百叶窗也更大。

> 在外观上"梅卡瓦"MK2型与1型相比，变化不是太大

> "梅卡瓦"MK3的炮塔与前两个型号相比,变化颇大

    1990年,以色列国防军接收了"梅卡瓦"MK3型坦克。该坦克战斗全重增至65吨,更关键的是其全部功能实现了一次全面的质的升级:主炮换装为120毫米滑膛炮,发动机的马力也增大到882千瓦(1200马力),火力和机动性都有了极大的提升;加上火控系统的改进,"梅卡瓦"MK3型具备了移动中持续瞄准目标的能力。对于该主战坦克来说,还有一点改进有着非常重要的现代意义,就是坦克装甲改为模组化设计,可在战斗中实现快速更换受损部位。

    对于以色列国防军装甲部队来说,"梅卡瓦"MK4主战坦克具有里程碑意义。该坦克1999年10月开始研发,2001年进入生产阶段。2002年6月28日,首批"梅卡瓦"MK4型正式服役,2004年以色列国防军组建了第一个"梅卡瓦"MK4坦克营。"梅卡瓦"MK4换装了1103千瓦(1500马力)MTU发动机,并装有"战利品"主动防御系统。一套"战利品"防御系统可在"梅卡瓦"的外部形成一个半球状的"防护罩";这套系统装备有4具平板型火控雷达,以确保对车体外部进行360°监控。当有对方反坦克导弹来袭时,"战利品"系统就会根据雷达提供的参数设定拦截数据,并对目标进行分类,最后算出拦截弹的发射时间和角度,随后发射拦截弹。通常,这些拦截弹是大量的金属小球。同时,该系统还具备应对从不同方向上来袭的多个目标的能力。

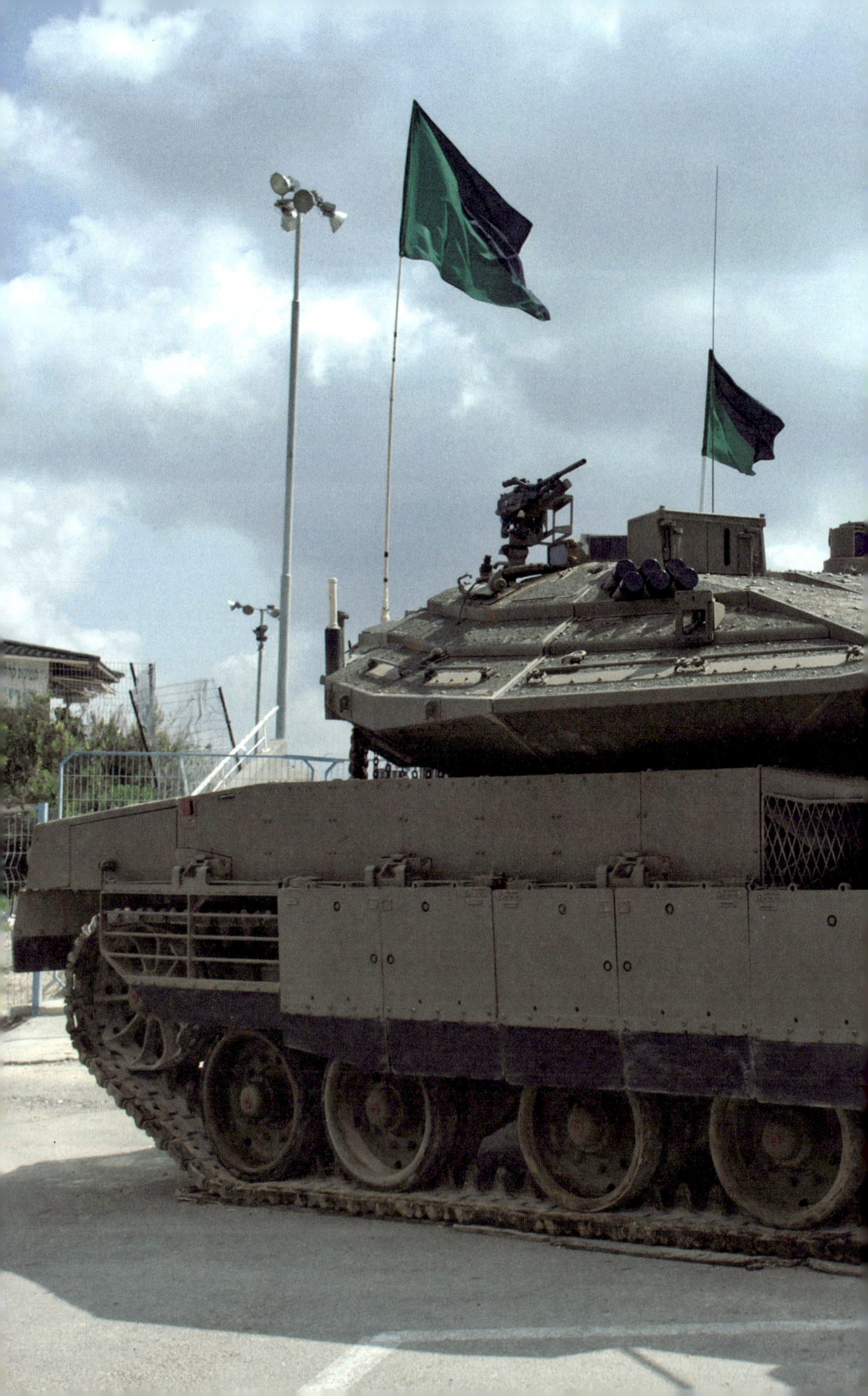

> "梅卡瓦"MK4型的炮塔已经完全变成碟形,在外观上颇具特色

无论从哪个角度来衡量,"梅卡瓦"坦克都是十分经典的,且设计上有自己独到之处:该坦克的车体制造工艺并非西方坦克传统的轧制装甲钢焊接结构,车体是铸造的;前上装甲焊接有良好防弹形状的装甲板,用于提高坦克的防御破甲弹和反坦克导弹的能力。"梅卡瓦"的战斗舱在车体的中部和后部,驾驶舱在车体的左前方,车体右前方设置动力舱。车体后部可以储存炮弹,弹药装在特制的弹药箱内并放在弹架上。根据需要,弹架可以拆除,以便腾出空间乘坐一组指挥人员,或者放4副担架,或者搭载10名士兵。

众所周知,由于作战目的、传统理念、建造水平、武器装备等不同,因此各国对于坦克三大要素的排序也不尽相同。以色列历来重视对坦克的防护,通常是把防护性能置于三大性能之首,"梅卡瓦"坦克便是如此。例如,该坦克巨大的炮塔采用厚重的装甲,且发动机前置;再加上主动防护、爆炸装甲,其防护力相当了得。该坦克总体布置为减少弹药爆炸引起的二次效应,车体前部和炮塔座圈以上部分不放置弹药。为保障乘员安全,尽可能使座位靠车体后部和相对较低的位置布置。用于保护乘员的装甲重量占坦克

> 从后视角度来看的"梅卡瓦"MK2型主战坦克。可见其后部两扇供士兵上下车的大门，与步兵战车颇为类似

战斗全重的70%，大大高于其他国家的坦克。为防止弹药引爆产生二次效应，该坦克将弹药放在可耐高温的特制容器内，布放在不易受攻击的炮塔座圈以下的车体中后部。机枪弹存放在间隙装甲的夹层空间里，同样可防枪弹爆炸对乘员的伤害。

此外，将动力传动前置，也是该坦克一个与众不同之处。"梅卡瓦"坦克将动力传动装置前置，主要目的是提高坦克正面防护能力，以保护乘员安全。对于重要部分，主要采用间隙和(或)间隔装甲技术：例如该坦克在最容易受攻击的车体前上装甲、炮塔顶部和四周部位，以及战斗舱顶部、后部和两侧重点保护部位，均采用间隙和(或)间隔装甲结构。夹层空间有的储存燃料，有的存放机枪子弹，以增强防护和防范二次损伤效应。

其实，"梅卡瓦"MK1型坦克的火力也相当不错：装有1门M68式105毫米线膛坦克炮，可发射标准型105毫米破甲弹和碎甲弹；在105毫米火炮左侧装有一挺7.62毫米并列机枪，在车长指挥塔门和装填手门上方各装一挺7.62毫米机枪。这三挺机枪型号相同，都是比利时FN MAG7.62毫米通用机枪，由以色列制造；装在弹链上的2000发7.62毫米机枪弹储存在间隙装甲的夹层空间里。部分"梅卡瓦"坦克在105毫米火炮炮管上方装有一挺从车内遥控射击的M2HB式12.7毫米机枪。"梅卡瓦"MK3型换装了120毫米滑膛炮，但不管火炮用哪种口径，"梅卡瓦"60发以上的载弹量都是在世界各坦克中名列前茅的。

> "梅卡瓦"MK1型上装备的M68式105毫米线膛炮源于英国的L7式，图为博物馆中L7的膛线展示

对于现代坦克最重要体现性能的三要素：火力、机动力、防护力，通常即便一款最先进的坦克也很难做到面面俱到，只能先后排序，突出重点或有所取舍。"梅卡瓦"主战坦克是唯一把防护性放在首位的坦克；除了发动机前置外，十分奇葩的是，为了加强防护，坦克上还加装了一门60毫米迫击炮，这大概在当今坦克中仅此一种。其实，装甲和反装甲武器的较量与对抗，从来就没有停止过；今后坦克与反坦克武器的较量恐怕还会继续下去。

反装甲武器是打击"点目标"的，而装甲一方则以整个"面"来与反装甲武器相对抗；也就是说反装甲武器一方是通过直接瞄准、制导、自动寻的等手段，力图能直接命中装甲，并通过增大装药量、增加弹丸初速、增加弹丸密度等手段来提高穿（破）甲威力。不过，在制导武器和先进的坦克火控系统出现之前，想直接击中运动中的坦克并不是一件容易的事。现代战争实践证明，在形形色色的反坦克武器面前，主战坦克的生存能力急剧下降。当然，主战坦克单凭厚实的装甲，已无法保证自身安全；因为再厚再重的装甲，也挡不住采用串联装药战斗部的反坦克导弹或反坦克火箭弹的打击。装甲一方在通过增加装甲厚度、提高装甲板材料的密度和硬度来消耗、分散弹丸的能量的同时，还要充分利用反导等手段来与反装甲武器相抗衡。

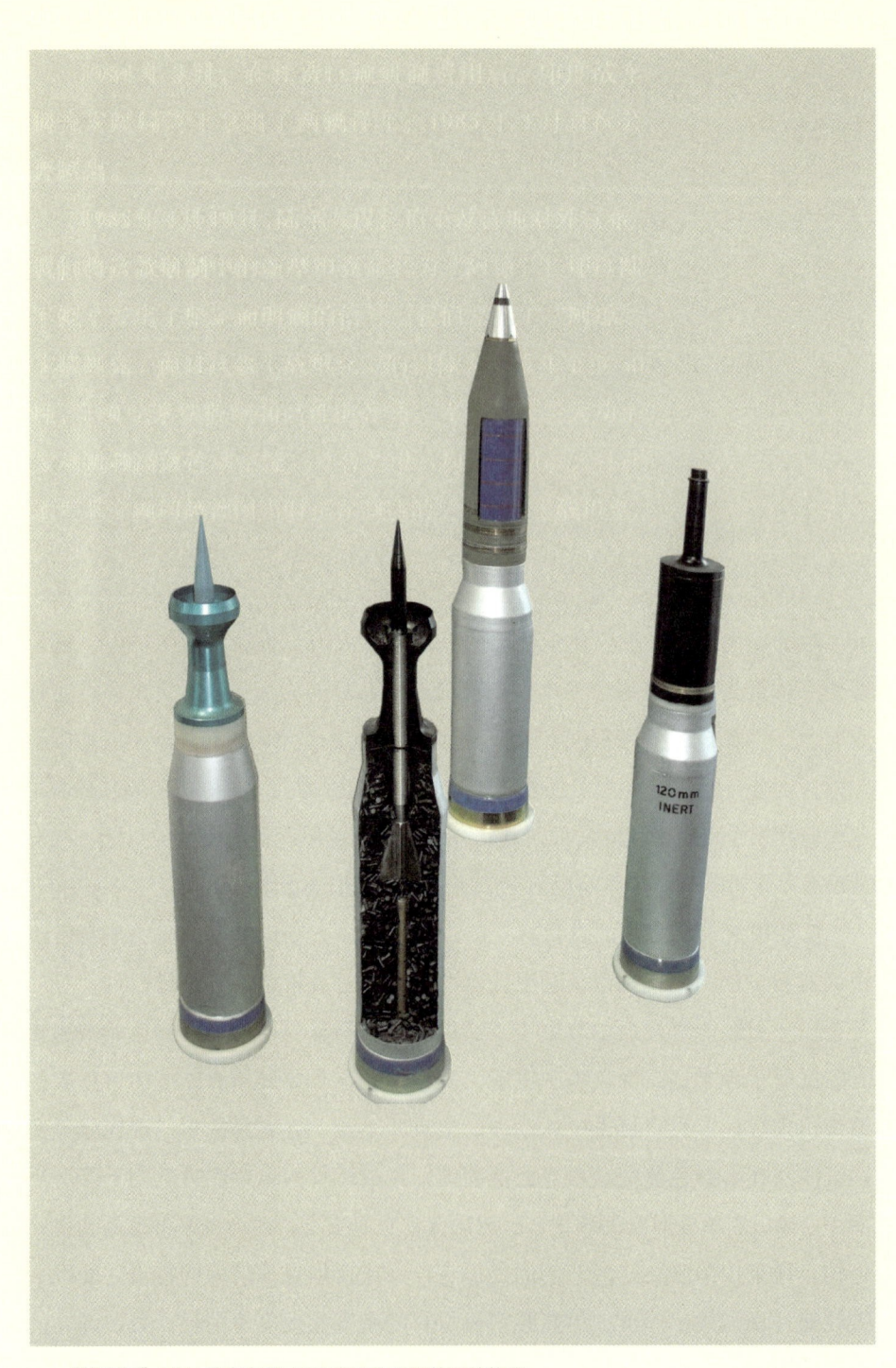

> "梅卡瓦"MK4型装备的120毫米主炮所使用的炮弹

时至今日，装甲与反装甲武器的对抗大致处于攻守平衡的态势。120毫米动能弹弹丸的炮口能量为9~10兆焦，而主战坦克的主装甲大体上可以防9~10兆焦的动能弹而不被击穿（而1焦耳是指用1牛顿力把1千克物体移动1米所需要的能量）。10兆焦相当于一辆50吨的坦克，从20米（8层楼）的高度上扔下去砸到地面上所表现出来的能量。下一代的140毫米动能弹弹丸所具有的炮口动能，将达到15兆焦，比现在的120毫米动能弹提高50%。这样的弹丸击穿现有主战坦克的主装甲，将是轻而易举的。

与此同时，装甲也在不断发展，继"乔巴姆"复合装甲之后，美国研发了贫铀复合装甲，装有贫铀装甲的美国M1A1型主战坦克在海湾战争中表现出了出色的防护力；至于俄罗斯，则采用披挂式反应复合装甲来对抗。

对于反装甲武器的攻击套路，一些国家近年来也在琢磨改进，例如从坦克薄弱的顶部、侧面和底部装甲作为攻击的重点。主要呈现两大特点：一是能自动寻的，二是能远程攻击单个坦克乃至集群坦克。目前，从装甲兵、炮兵、步兵到空军，都有攻顶式反坦克武器。相比之下，装甲一方在对付攻顶式弹药方面似乎落后了一步。眼下，一些国家正积极采取多种措施，大致包括：利用隐身技术、涂布迷彩等加以伪装；在顶部加装反应式装甲；加装激光报警装置。但大多属于消极防护措施。而俄罗斯的"演技场"主动防护系统、以色列拉斐尔的"战利品"主动防御系统，都可算是积极的主动防护者。

贵且不好用的日本 10 式主战坦克

  1961 年，日本正式定型了战后首款中型坦克——61 式；这款坦克便是三菱日本重工业公司在美制 M46 和 M47 "巴顿"坦克的基础上，开发研制的。

  61 式坦克从设计之初就考虑到了日本铁路的标准轨距比其他国家小，为方便坦克的铁路机动，61 式坦克车体也做得更小了一些，坦克的战斗全重仅为 35 吨。该坦克的技术性能基本上是中规中矩：61 式炮塔采用整体铸造结构，呈对称椭圆形；但右侧突出得稍大些，侧面的轮廓也稍有不同，后半部

> 1985 年与美军进行联合军演时的日本 61 式坦克

> 日本74式坦克尽管已经落后，但仍大量服役于陆上自卫队

向后突出。炮塔尾舱里存放炮弹，炮塔内有通风装置、无线电台，还装有各种小型工具箱。车长、炮长坐在炮塔内右侧，炮长位于车长前面，车长的鼓形指挥塔可360°旋转。主炮是一门61式90毫米线膛炮；动力装置是三菱12HM21WT型12缸风冷柴油机，最大功率为570马力。61式坦克先后一共生产了560辆，到2000年全部退出现役。

　　命名为74式新型主战坦克的最早研制工作始于1964年，而正式定型工作则完成于1974年9月。如果按坦克代差来划分，74式坦克是战后日本研制的第二代中型坦克；当时的目标假想敌是苏联在远东地区部署的T-62坦克。日本74式坦克得到了西方盟友的先进技术支持，由日本三菱重工负责研制。例如，74式的主炮采用了英国L7A1型105毫米线膛炮的专利技术，日本制钢所从英国皇家兵工厂获得了其生产制造许可证后，在国内大量生产这种主炮。联邦德国为日本提供了先进的轧钢技术和火控系统；至于74式的弹道计算机和红外夜视系统则都是美国货。

日本陆上自卫队于1975年9月接收首批生产型坦克,到1990年该型坦克停产,一共生产、接收了870辆。尽管多年前,日本就已出现了更先进的90式坦克,但其实74式更适合日本特殊的狭窄山地和水网地形,以及较高的城市化的城区特点,至今,74式仍在日本陆上自卫队大量服役。

> 90式主战坦克在外观上颇似德国"豹2"的早期型号,炮塔呈四方形

> 90式主战坦克的炮塔顶部细节

进入20世纪80年代以来,世界各军事强国和军事大国纷纷开始研发新型主战坦克,日本也不甘落后,决心在此领域也有所建树。果真没过多久,日本就拿出了一件震惊世界的坦克样品——三菱重工的90式主战坦克。由于大量参考了当时"豹2"主战坦克的设计,90式坦克有着很强的德国风格。

作为日本陆上自卫队第三代主战坦克，90式坦克的战斗全重高达50吨，堪称日本陆上自卫队历史上最重的坦克。90式坦克方正的炮塔造型与"豹2"主战坦克十分相似，车体与炮塔由钢板焊接而成，炮塔前方与车身正面安装了三菱重工的制钢厂研发的新型复合装甲，其余重要部位则以间隙装甲补强，炮塔顶部也加装了特殊装甲用来抵御攻顶武器。它的主炮是日本生产的德国莱茵金属公司的Rh120型120毫米滑膛炮，并配备一挺M-2HB 12.7毫米车长高射机枪和一挺74式7.62毫米同轴机枪，两者备弹数目分别为600发和3500发；90式坦克最独特之处，要算其采用的自动装填系统，此举使得车上乘员减至3人，且拥有11发/分的高射速。自动装填一向是俄罗斯坦克的专利，此外法国"勒克莱尔"主战坦克也采用了自动装填。1990年，90式坦克进入日本陆上自卫队服役，主要配备给了位于北海道的第七师团。

90式主战坦克装设有非常先进的火控系统，即日本自行研发的JSFCS-212火控系统；它模仿联邦德国的"豹2"坦克的指挥仪式控制方式（"猎－歼"模式），但用钇铝石榴石激光测距仪（属于第二代激光测距仪，其波长为1064纳米），是不可见的近红外光。与第一代红宝石激光测距仪相比，其电光转换效率高、阈值低（产生校正动作的输入值最小），能在高重复频率下工作，电耗降低、体积减小，且具有隐蔽性，但容易对眼睛造成损伤；而弹道计算机也从模拟电路式换成了数字式，并装有双向稳定器。1996年在美国华盛顿州的一次试验中，90式坦克利用先进的火控系统，打击美制M60坦克的靶标，行进间射击将其一辆一辆地击毁，命中率几乎100%。90式坦克的发动机是三菱重工研制的10ZG32WT型两冲程液冷柴油机，带涡轮增压器，最大功率达到了1500马力；不过这个功率只能持续输出15分钟，而10ZG32WT发动机的最大持续功率为1100马力（未增压状态时的最大功率）。

90式主战坦克的服役与运用，使得日本一改以往主战坦克火力、防护力都不足的印象，开始跻身世界一流主战坦克之列；与之前的日本国产主战坦克相比，能有效地兼顾火力、机动性与防护力，发挥出各自最大的功能。

苏联解体后，原先日本极度担心的苏联陆军和海军陆战队渡海登陆日本本土作战的威胁已不复存在，日本陆上自卫队最初使用90式坦克担负日本土防卫作战任务的重要性大幅下降，其数量也由最初的900辆迅速减为600辆，最终减为400辆以下。不仅如此，日本陆上自卫队还决定采用一种重量更轻、机动性更好、任务转换更快和反应更快的坦克。2004年，日本防卫省决定停止生产价格昂贵的90式主战坦克。2008年2月，日本防卫省正式公开由防卫省技术研究本部主持，由三菱重工生产的10式主战坦克，作为日本陆上自卫队装备的新一代主战坦克，以全面替代74式主战坦克；同时，决定国产化的程度达到98%，并拟于2012年1月开始正式服役于日本陆上自卫队。

由于采用了许多革命性新技术，10式坦克自服役以来就始终位居世界十大坦克排行榜。10式坦克外观与传统构型坦克颇为相似，尽管使用了大量最先进的科技，但仍延续日本武器一贯的精致细腻的风格。相比于90式主战坦克，10式的质量和尺寸均有明显的减小，例如车重减轻了6吨，全车战斗重量为44吨；车长缩短了0.335米，该车全长为9.42米。

> 军演中的 10 式主战坦克

该坦克采用了一台日本国产四行程柴油 V8 发动机，每分钟 2300 转时可输出 1200 马力的最大功率，最大速度 70 公里/小时，最大行程 440 公里；10 式坦克的燃油携带量为 880 公升，比 90 式减少近 300 公升，对于减少整车全重也有不小的益处。

10 式坦克的车体与炮塔采用滚轧均质钢甲制造，车头正面上部加装新型复合装甲，炮塔外侧加挂模块化装甲。从 90 式坦克的陶瓷/金属复合装甲开始，日本坦克工业的装甲制造实力便明显大增，而 10 式使用的日本国产复合装甲，其内外部各由厚度不等的高抗弹性滚轧均质钢甲制成，中间的夹层包含部分非金属材料与一层超高硬度钢甲，此外还有碳纤复合材料夹层，使其能同时抵挡高爆穿甲弹喷流与尾翼稳定脱壳穿甲弹的攻击。据日本自称，它的防护效能优于"乔巴姆"装甲。

078

> 与 74G 式停在一起的 10 式主战坦克

079

> 进行火炮射击训练的 10 式主战坦克

至于武器装备，10式坦克也很有独到之处：配备一门日本自行开发的120毫米44倍口径滑膛炮，基本设计与90式的120毫米滑膛炮相同，但提高了膛压；炮塔尾舱内设有一具水平式自动装弹机来供应主炮所需的弹药。10式坦克主炮的弹种除了传统的尾翼稳定脱壳穿甲弹、高爆穿甲弹、高爆榴弹之外，还能使用一种程序化引信炮弹，其电子引信能在穿透三层墙壁之后才引爆弹头，主要在城市战中用来对付隐藏于工事后方或建筑物内部的敌手。虽然10式坦克的车重只有44吨，但它却能在不降低主炮膛压与威力的情况下，仍维持与50吨重的90式坦克相当的射击稳定性；但由于10式车体容积较小，车上只储存了35枚120毫米的炮弹。在车的炮盾左下方，设有一挺74式7.62毫米机枪，共备弹12000发，而车长舱盖左后方则设有一具M-2HB 12.7毫米同轴机枪，备弹3200发；炮塔两侧的装甲套件内部各整合有四管烟幕弹发射器。在后续10式坦克的顶部上，可能还将装备一挺7.62毫米机枪与一门40毫米榴弹机枪，不仅可使近距离火力压制力大增，而且还能让车员在车内安全地操作，而不必将头探出车外，有利于在城镇与高楼大厦作战。

自诩"世界第二"的韩国 K 系列主战坦克

朝鲜战争之后,韩国对战争期间由于坦克缺失及坦克战所带来的巨大作战威力,始终心有余悸。到20世纪70到80年代,当时韩国虽有美国的大量援助,但朝鲜人民军的坦克数量是韩国军队坦克数量的两倍,且其质量也落后于朝鲜。面临着沉重的北方坦克、火炮的压力,从20世纪70年代起,韩国开始研制国产主战坦克。尽管当时韩国的军工研发能力和制造能力一般,但凭借强悍的民族精神和有限的民用工业基础,结果在国防武器制造上取得了不错的成绩;韩国自产坦克由美国通用动力公司负责设计定型,在美国M1系列主战坦克的基础上研制而成,总体布置与M1主战坦克基本相同,且外形十分相似的K1系列主战坦克,并连续多年进入"世界主战坦克十佳排行榜"。

TANK

> 韩国 K1 主战坦克

083

> 在海滩湿地实施机动作战演习的 K1 坦克

　　1984 年，一种名为 XK1 样车经过试验基本定型后，在韩国昌原的现代车辆厂正式生产。1985 年，首批生产型坦克出厂，随后立即装备韩国陆军。XK1 坦克就是后来的 K1 坦克。1987 年 9 月，K1 坦克正式命名为 88 式坦克。1987 年中期完成了第一批 210 辆生产型坦克，第二批共生产了 325 辆。K1 坦克一共生产了大约 1000 辆；很快，这些坦克就成为韩国军队的主战坦克。

　　为适应朝鲜半岛多山的地形，以及在这种地形中顺利射击的需要，K1 比 M1 坦克更扁平、短小，车体长缩短了 44 厘米，车宽减少了 6 厘米，车高降低了 12.5 厘米。采用这种小于美国坦克的车型，不仅是从韩国人与美国人平均身高差别来考虑，

而且是从作战需要出发，根据韩国陆军"尽量用低车姿来降低坦克的中弹概率"的要求来设计定型的。K1坦克的战斗全重比54.5吨的M1主战坦克减轻了3.4吨；K1坦克单位压力小，仅为0.87千克/平方厘米，使其能在湿地或沙地上实施机动，可以说机动性相当出色。

K1坦克采用常规结构布局，驾驶舱在前，战斗舱居中，乘员4人。该坦克发动机和传动装置位于后部；采用的是德国MTU柴油发动机，而没有采用M1坦克使用的燃气轮机。K1坦克采用美国M68A1式坦克炮，与M1的M48A5式坦克炮相同，是英国L7线膛炮的美国改良版；K1坦克携弹量为47发，比M1坦克少8发。

K1坦克前部与M1坦克前部似乎很相似，但K1坦克前部采用复合装甲的设计却比M1坦克更加先进。K1坦克的炮塔前部装甲由多个平面构成，比M1坦克更为复杂，其抗弹性能也比几近垂直安装装甲的日本90式坦克好得多。

鉴于朝鲜半岛多山，山地起伏多变的特点，韩国军方另辟蹊径，在K1坦克上加装了悬挂装置；具体来说，即采用液气悬挂和扭杆悬挂并用的混合式悬挂装置。K1坦克每侧有6个负重轮，其中第3、第4、第5个负重轮采用扭杆悬挂装置，第1、第2、第6个负重轮采用液气悬挂装置。液气悬挂装置可通过调节油量来改变车底距地面的高度，这样车体可进行前后俯仰的变换，从而有利于主炮的俯仰和射击。K1坦克主炮的俯仰角为-10。~+20。，这有利于越出棱线以大俯角攻击位于谷底的敌方目标。由此可见，它突出体现了韩国独特的作战思想。

1996年初，韩国现代精密机械工业公司完成了K1主战坦克的第一个改型——K1A1。K1A1坦克与K1坦克的最大区别是，使用美国的M256型120毫米火炮代替后者坦克的105毫米火炮；这种火炮与美军M1A1坦克的相同，两者的弹药具有通用性。除了外观上炮管显得粗一些、火炮根部有圆形护盾外，其他基本没有变化。其车宽、车高与K1主战坦克完全相同，只是车长（炮向前）由7.67米增至9.71米。K1A1坦克还进行了其他一些改进，包括增强了装甲防护，战斗全重增至53.2吨。

　　此外，K1系列主战坦克车族中的其他改型车辆有：K1装甲抢救车和K1装甲架桥车。这两种车由韩国现代精密机械工业公司同德国马克公司合作，在K1坦克底盘的基础上研制而成。德国马克系统公司负责抢救设备的设计和生产，现代公司负责将抢救设备安装到底盘上；然后将整车交付给韩国陆军。根据马来西亚的要求，韩国还对K1坦克进行了一些出口型坦克的改进，成为K1M出口型主战坦克。

　　20世纪90年代初，韩国的K1主战坦克和K1A1主战坦克可以比较轻松地对付朝鲜的老式"天马虎"和"暴风虎"坦克；但是韩军还是计划用十年时间来打造一款更新型坦克，以用来更换现役的K1坦克。1995年，韩国启动了这项新型坦克K2研制计划，项目代号"黑豹"，由韩国国防科学研究所和现代汽车属下单位，以及韩国其他的国防工业公司共同研制。

> K1坦克的改进型K1A1主战坦克，换装了120毫米火炮

　　2006年，韩国完成K2主战坦克设计。K2延续了K1坦克的设计，驾驶舱位于车体的左前方，车体是战斗舱，车体后部是动力舱。为了造出强大的韩国国产坦克，韩国遍访全世界寻找灵感、技术，以及各式解决方案。例如K2坦克使用了一种潜水装备，它的涉水深度达4.2米；这种潜水装备也可作为"指挥塔"，这是韩军从20世纪90年代末购自俄罗斯的T-80U坦克上学习掌握到的。

> 由于安装了新式的 120 毫米 / L55 主炮，K2 主战坦克的炮管显得格外长

被韩国自诩"世界第二，亚洲第一"的这款 K2 主战坦克，它的战斗全重 55 吨，乘员 3 人，装备了最新的德国 120 毫米 / L55 炮，类似于德国豹 2A6 和 2A7；相比于 M1 和老式豹 2 坦克的 120 毫米 L44 火炮，长度超出整整 1.3 米。长炮管使得内压更大，L55 火炮口初速更快。坦克炮塔明显受法国"勒克莱尔"主战坦克炮塔风格的影响，炮塔正面和两侧装甲接近垂直，炮塔后面多了一个尾舱，安装有自动装弹机。K2 坦克在炮塔前部加装了毫米波雷达，也是世界上第一种装备毫米波雷达的坦克。韩国相关研制部门自称，K2 主战坦克是"全世界技术水平最高的"一种战地主力坦克。

通过法国泰雷兹集团的技术转让，K2坦克上还安装了第三代坦克最先进的火控系统。该系统包括C4I网络系统、GPS定位系统、战斗管理系统。装备这些设备后，该坦克具有不论在静止还是行进间，打击静止和活动目标的能力，以及夜间作战能力。也就是说，该坦克具备当下最先进的"主动猎-歼"能力。这套火控系统具备高度自动化，而且操作十分简便，即使刚入伍的新兵都能很快学会使用。一旦目标锁定，火炮和炮塔便能自动追踪目标，无须人为干预。而韩国人的创新，最大的体现是将K2坦克的火控系统与毫米波雷达结合使用。虽然这种雷达不源于韩国，但如此结合应用在世界上还是独一无二的。

K2坦克配备智能型"发射后不管"炮弹，可打击隐蔽坦克甚至射击直升机。射击时，K2坦克便会将炮管提升至接近迫击炮的角度，间接发射这种毫米波雷达引导的"顶部攻击"炮弹。智能型"发射后不管"炮弹的有效射程介于2000~8000米，可根据任务特性来选择不同的高、低飞行路线，并能根据天气与射程而使用不同的弹道编程。这种炮弹也被称为"韩国智能顶部攻击弹"。

不仅如此，K2主战坦克还将具备一系列新型电子防御功能，所装备的激光探测器可以即时告知敌方激光束来自何方。先进的火控系统可控制120毫米主炮击落低空飞行的敌机。K2的动力系统采用的是德国柴油发动机，最大行程430公里，最大速度可以达到70公里/小时。尽管性能被吹得天花乱坠，但在韩方的一次军事演习中，这只"韩国豹"却被一堵矮墙挡住了去路，这实在有点令人"尴尬"！

K2 Black Panther

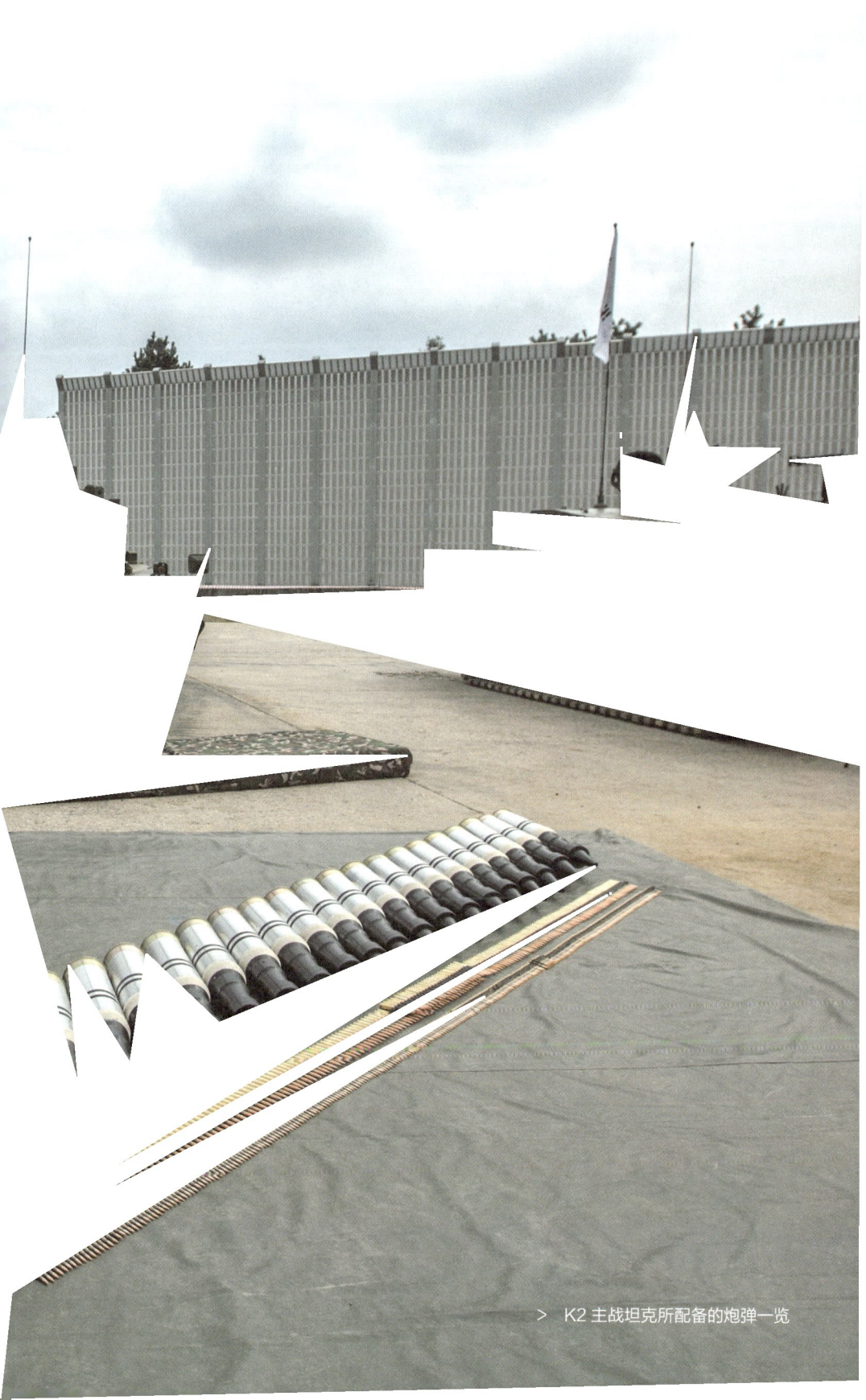

> K2 主战坦克所配备的炮弹一览

> 正在进行潜渡实验的 K2 主战坦克

从 2016 年起，韩国军队陆续服役了"黑豹"K2 主战坦克，但从发展与装备过程看，韩国还是缺乏研发经验，研发与生产体系也不够完善，许多零部件还需要依赖进口，其中动力系统的依赖程度最高，这也造成了目前单价过高的窘境。韩国有关生产厂家估计，韩国军队至少需要购买服役 600 辆该型坦克。由此来看，"黑豹"K2 后续坦克的改进空间还很大，战技术性能还会进一步提高。

漫长坎坷的印坦克发展之路：从"胜利"到"阿琼"

20世纪80年代，印度在完成组装国产"胜利"式主战坦克之后，便开启了"阿琼"坦克的研制进程。说起印度坦克的发展道路，实际上很不平坦。早在1961年，印度即和英国维克斯公司签约，由后者设计一款印度专用坦克。维克斯在英国制造样车，供应90辆生产型坦克。随后在印度新德里附近的阿瓦迪市建造一家新的坦克生产厂，生产后续坦克。印度称由维克斯设计的这种坦克为"胜利"式主战坦克。1963年，"胜利"式坦克开始生产。1984年

> "胜利"式主战坦克的原型车

初，印度一共完成了陆军订购的1400辆"胜利"式坦克的生产任务，连同从英国进口的坦克在内，陆军总共拥有该型坦克1500辆。

"胜利"式主战坦克由轧制钢装甲板焊接而成，驾驶舱在前，战斗舱居中，动力舱后置。驾驶员在车体右前方，装填手在火炮左侧，车长和炮长在右侧；车上装有一台与"酋长"坦克相同的L60发动机，炮塔为焊接结构。总体来看，"胜利"式坦克的布局并无特殊之处，带有明显的第二代坦克的痕迹，但其最大的缺陷在于炮塔左侧的补弹舱，严重破坏了坦克的整体防护。该坦克的主炮是英国诺丁汉皇家兵工厂制造的105毫米L7A1型，备弹44发，其中炮塔储存19发，25发水平置于车体前部弹仓。

如果仅从技术角度而言，"胜利"式主战坦克设计循规蹈矩，很大程度上应用了部分"酋长"坦克和"百夫长"坦克改进型号的技术；同时对制造工艺和整体设计进行了有针对性的简化调整。因此，"胜利"式主战坦克具有第二代主战坦克的诸多典型特征，综合性能较为理想，但"胜利"式主战坦克毕竟是英国维克斯公司用"仓库部件"攒拼起来的一种出口型产品，只能代表世界二流坦克技术水准。

尽管"胜利"主战坦克性能平平，但它对于印度国防工业的意义重大。在这款大批量坦克制造的牵引下，印度迅速建立起自己的坦克工业，拥有了初步完整的国防工业体系。

VIJAYANTA
MAIN BATTLE TANK

COMBAT WEIGHT	: 39 TONS
POWER	: 535 BHP
MAX SPEED	: 50 KM/H
MAX CRUISING RANGE	: 530 KM
MAIN GUN	: 105 MM
ANTI AIRCRAFT GUN	: 12.7 MM
CREW	: 4

> 已经退役进入博物馆的"胜利"式主战坦克

> 一张反映印巴战争时期作战中的"胜利"式坦克的模糊照片

1971年，印巴爆发了第三次战争。对于"胜利"式坦克在战场上的表现印度并不太满意，不过它对自己的生产能力却很有自信。1972年印度政府提出要自行研制和生产一种先进的新型坦克，用来替代"胜利"式坦克；同年8月，印度战车研究发展局开始预研新型坦克。

1973年5月中旬，时任印度国防部部长的拉姆斯沃默·文卡塔拉曼在印度议会上神情激昂，大声疾呼，"印度将自行研制一种称为'印度豹'的新型主战坦克！"。1974年3月，印度政府正式批准了"印度豹"计划立项，项目资金款达360万美元。在当时的印度，这个数额可算是天文数字。

这项雄心勃勃的计划，原打算在 1983 年 12 月前建成 "印度豹"的第一辆样车，以后按每月一辆的速度，生产出 12 辆样车，但是项目启动 9 年后，丝毫不见进展，样车始终"难产"。政府和国防部派人联合调查，结果令人吃惊：原来当年的印度根本就不具备生产坦克的能力，更没有相应的配套工业基础。所谓的印度自行生产"胜利"式坦克，不过是在阿瓦迪市建立一条组装生产线，印度仅负责生产一些不重要的配件，而且这些配件的质量总不合格。更要命的是，英国原设计的"胜利"式坦克战斗全重 39 吨，而在印度生产出来的"胜利"式坦克竟然增加到了 41~42 吨。至于新型坦克配套所需要的火控系统、发动机、传动系统等，印度更是毫无技术基础。由此可见，"印度豹"样车"难产"也就毫不意外。

> 由德国为印度设计的"印度豹"模拟图

1984年3月，在耗费巨额研制费用后，印度战车研究发展局终于拿出了两辆样车；1985年3月首次公开展出。

1985年4月19日，陆军参谋长迫不及待地对外宣布：我们将这款研制中的新型坦克命名为"阿琼"！印度陆军似乎发出了坚定而明确的信号：我们要定了"阿琼"主战坦克。而且这款主战坦克定的指标为：战斗全重50吨，120毫米线膛炮和高性能弹药、先进火控、大功率发动机和高效传动系统、复合装甲，均要求国产，且性能要求全面超越德国当时正在制造的"豹2"主战坦克。

> 阅兵式上的印度"阿琼"主战坦克。从外观上来看该型坦克与"豹2"早期型号非常相似

> 正在沙漠中进行试车的"阿琼"主战坦克

看来,印度陆军的想法很积极,但它的坦克发展现实却很骨感!

1988年8月,印度对"阿琼"主战坦克进行了第一次广泛的技术试验,结果发现了很多严重的技术问题。到1991年年底的时候,印度陆军对"阿琼"主战坦克的缺陷实在放不下心,甚至一度要求放弃这个项目。但没有获得政府批准,使得该计划只好继续进行。然而,在1994年和1995年的几次试验中,娇贵的"阿琼"主战坦克仍然无法满足已经降低的使用要求和技战术指标。

更严酷的现实是,在军方的试验报告中,"阿琼"主战坦克被判定为"不适宜上战场";而印度媒体更把"阿琼"主战坦克挖苦到极致,竟把这种"主战坦克"戏称为"主败坦克"。

> 展出的"阿琼"MK2坦克。该车与MK1相比主要是炮塔加装了附加装甲

所幸的是，印度政府决定继续支持"阿琼"主战坦克的研制，并为此再次拨款。此时，印度转向请以制造"豹"2坦克而闻名的德国克劳斯·玛菲公司出手相助。阿琼的炮塔设计接近德国"豹2"坦克，形状方正，采用平直装甲。为了提高坦克的作战性能，印度研制部门为阿琼加装了许多国外装备，导致坦克一再"增肥"，全重达到58吨的设计极限，不但超过印度大部分公路和桥梁的承重标准，宽度也超过印度铁路货物宽度的限制。当然，极度推崇国产化和提升自研能力的印度，自然也不放过这个机会，据称也为"阿琼"主战坦克专门研制了一种新型装甲，号称性能直逼英国"乔巴姆"装甲。

印度军方认为，"阿琼"主战坦克的主要作战地域是西部沙漠地带；因此，坦克的机动能力至关重要。印度原本想用国内制造的12缸风冷柴油发动机，结果产品研制了10余年始终无法过关。阿琼只好换上德国MTU公司制造的柴油发动机。由于订货时没有提出在印度使用的特定条件，造成发动机使用出现相当棘手的问题。尽管厂商宣称：产品性能优异，但1988年7月"阿琼"主战坦克进行沙漠试车时，德国发动机仍频频出现故障。

前后整整拖了20多年的时间，"阿琼"主战坦克依然停留在图纸和试验阶段。一直到2000年9月底，印度瓦杰帕伊政府才宣布"阿琼MK1"主战坦克正式投产。根据印度战车研究发展局预测，项目总投资为35亿美元，坦克单价高达470万美元。而且这些估价还没有包括"阿琼MK1"主战坦克服役后在弹药、备件和保障方面的费用。

千呼万唤始出来！2004年8月7日，第一辆"阿琼MK1"主战坦克交付印度军方。不过此后，印度政府和军方不知在玩什么把戏：军方频频表态沙漠试验失败！但政府却屡屡宣布要"量产"124辆"阿琼MK1"主战坦克。就这样，反反复复，竟然一直拖到了2010年。

2011年，印度政府再次令人匪夷所思地对外宣布："阿琼"MK1主战坦克的改进型——"阿琼"MK2的研发工作大功告成！与基础型相比，"阿琼"MK2主战坦克的国产率达90%，增加改进多达93项，其中包括13项大改，如装备炮射导弹，装甲、机动性、可靠性等多方面都得到改善。该年9月，英国等国媒体称，印度计划推出的"阿琼"MK2的单价高达802万美元。

相比之下，印度进口的俄罗斯T-90S坦克单价仅250万美元，美国向埃及推销的M1A1坦克单价也不过695万美元。说起俄罗斯的T-90S主战坦克，的确具有苏联坦克装甲防护的一贯风格，采用了首上装甲板和首下装甲板水平倾角相近的楔形车首和半椭圆铸造炮塔设计。防护能力是一大弱项，T-90S的炮塔抗穿甲弹能力相当于530毫米轧制均质钢装甲，抗破甲弹能力相当于520毫米轧制均质钢装甲。在附加"接触-5"反应装甲后，炮塔的正面被动防护能力大为提升，其抗穿甲弹能力相当于780~810毫米的轧制均质钢装甲，抗破甲弹能力相当于1020~1220毫米的轧制均质钢装甲。但与欧美主战坦克相比，还有不小的差距。

"阿琼"主战坦克采用常规炮塔式结构型式，战斗全重58.5吨，车长10.194米、车宽3.874米、车高2.32米，最大公路速度72公里/小时，最大行程450公里，有4名乘员。印度国防研究与发展局在优化设计战斗室和驾驶室时还分析了印度部队的人体测量数据：通常印度士兵较欧洲或美国同行要普遍矮小和瘦弱，因此所有操纵和控制装置都在普通印度士兵方便触及范围之内。

> 国内工业"不给力",使得"阿琼"主战坦克过多依赖纯进口的部件

"阿琼"主战坦克的主要武器包括:1门120毫米线膛炮,1挺12.7毫米机枪,1挺7.62毫米并列机枪;动力装置在车体后部。

最初,印度曾考虑选择美国M1主战坦克配套的燃气轮机作为"阿琼"坦克的动力系统,不过后来顾虑到燃气轮机的耗油状况超出印度陆军的承受能力,最后决定选择了国产新型柴油机。当时这款国产柴油机对外公布的额定功率为1500马力,达到二战后第三代主战坦克主流水平,但实际上,造出来后的实测功率却只有500马力,即使通过增压来提高功率,也只达到设计功率的2/3,根本无法装车,更无法投入实战使用。鉴于本国柴油机"不给力",倾向于选用节油柴油机的印度政府,于是将目光投向了在柴油机领域世界领先的德国。在筛选了42种德国发动机和配套的传动系统方案后,印度最终选

择了功率为 1500 马力的 MTU 公司 MB873Ka-501 柴油发动机，作为首批"阿琼"主战坦克的动力系统。

选择了功率较大的动力系统，并不等于就能保证坦克适合在印度次大陆炎热而又潮湿的气候条件下使用，为此印度研制方对德国动力传动装置（MTU 柴油发动机和伦克传动装置）又做了重大改进，尤其是为了避免过热和熄火，发动机功率已被降低。是发现主要在印度陆军中服役的英国和俄罗斯设计的坦克在外部温度超过 50°时，发动机就过热或熄火之后才改进的。值得注意的是，印度西部沙漠地区夏天的气候条件非常恶劣，中午阴凉处气温也高达 52°同样，伦克传动装置也得到改进，传递均衡的动力，使坦克能够爬过大于 35°的坡道（即超过 77%）。这一点对于坦克越过沙丘来说，是必要的。很多现代坦克，如 T-80、"豹" 2 或 M1 "艾布拉姆斯"的爬坡度都只有 60%。事实上，"阿琼"主战坦克能越过 2.43 米宽的壕沟，能涉过 1.4 米深的水沟和河床，非常有助于突破河边小道和在印度西部边境地区的"沟堤"。

"阿琼"坦克至今仍未能大批装备部队。这项前后拖了数十年的坦克计划，共耗资约 35 亿美元，最终却只得到了包括原型在内 35 辆，且均价高达 1 亿美元的训练坦克。印度国防部只好取消"阿琼"主战坦克批量成军的规划。

冷战后俄罗斯坦克发展的"弯道超车"

  1991年海湾战争中，T-72坦克在战场上的拙劣表现，使得俄罗斯军方充分认识到：这种坦克与美国三代坦克之间存在着极大的差距。随后，俄罗斯乌拉尔机车车辆制造厂设计局开始为T-72坦克加

> 苏联T-72坦克曾是使用最为广泛的主战坦克之一

装了"额尔齐斯"1A45火控系统和"窗帘"-1系统,采用光电干扰方式来抗击对方来袭的反坦克武器。为了挽回名声,扭转坦克出口销量下滑的局面,时任俄罗斯总统的叶利钦要求把这款坦克改名为T-90。

不久,正式定名为T-90的主战坦克公开亮相了!

说穿了,T-90主战坦克在很大程度上就是T-72坦克的一种改进型,依然秉承了苏式坦克固有的成熟设计理念,不过总体性能有很大提升。T-90坦克总体布局基本沿袭了T-72的结构,驾驶室位于坦克前部,驾驶员处于驾驶室中央。该坦克的底部采用双层装甲,主要依靠改进底盘设计来提高防地雷能力。不是像西方坦克那样将驾驶员座椅焊接在底部装甲上,而是将座椅固定在车辆顶部装甲上,从而大大降低了车辆震动时对驾驶员的影响。车长和炮长分别位于坦克炮塔内的右侧和左侧。坦克中部为乘员战斗室,动力舱位于坦克后部。此外,T-90还使用了T-80的部分先进技术,例如先进的火控系统。

早期型号的T-90坦克使用的是铸造炮塔。随着车内设备的不断增加,以及披挂复合装甲的需要,从T-90A坦克和T-90S坦克开始,尽管炮塔外形基本没有变,但却改为了焊接炮塔,此举使车内体积增大0.1立方米。与此同时,驾驶员观察镜附近的装甲厚度也有所减薄,使驾驶员能够更方便地使用观察镜。炮塔除了正面外挂由装甲板、填充物和薄甲板组成复合装甲外,在炮塔内前部还有两个与火炮纵轴线呈55°的专用装甲腔室。经测试,外部装甲的防护能力与同等重量的整块式装甲板相比,防护有效性提高了40%;再加上炮塔内的装甲腔室作为最后一层防护,这些大大提高了乘员在正面交战中的安全性。

当然，对于这样的设计与布置，虽说有部分陆军和设计局的高层认可，但也有不少人非常担忧！

"要知道，这样的T-90坦克只适合'地面快速突击'，却并不适合'街区作战'；如不纠正，将来要吃大亏的"。一位通晓城市坦克战的将军发出这样的警告。

为了弥补这一严重不足，有关部门在炮塔上安装了12具902B"乌云"81毫米烟幕弹发射系统，它可发射3D17气溶胶烟幕弹；能够在3秒内迅速布设一道距离坦克50~80米远处，高15米、宽10米的烟幕墙，可以有效干扰敌方反坦克武器的激光制导系统。

T-90坦克最显著的外观特点是安装在炮管两侧的"窗帘"-1光电干扰系统。在T-90坦克的后期型号上，还安装有由俄罗斯科洛姆纳机器制造设计局研制的"竞技场"主动防护系统；这套系统采用多功能雷达"瞬间"扫描扇形空域来搜索和跟踪来袭目标，然后引导辅助武器摧毁来袭目标。车长通过控制台启动"竞技场"主动防护系统，该系统可自动为车辆提供24小时、全天候的220°~270°扇形防护。T-90坦克侧裙板采用的是双层橡胶材质，两片橡胶中间夹了一层布，在橡胶侧裙板外部加挂3块带爆炸反应装甲的钢质护板。安装爆炸反应装甲后，坦克对聚能弹药的防护能力提高90%~100%；对穿甲弹的防护能力能够提高60%。

> 保存在博物馆中的俄制 125 毫米滑膛炮

  T 90 主战坦克战斗全重 46.5 吨，乘员 3 人，发动机功率 900 千瓦，最大公路行驶时速 70 公里每小时，最大行程 650 公里。T-90 坦克的火炮为 1 门 125 毫米滑膛炮，但弹药做了较大改进，采用新型穿甲弹和破甲弹，提高了对付爆炸反应装甲的能力。此外，T-90 坦克配有 4 枚 9M119 型激光制导反坦克导弹，可由 125 毫米滑膛炮发射，可用车内的自动装弹机装填；该导弹的最大有效射程为 1 万米，最大穿甲厚度约 960 毫米，可确保 T-90 坦克在敌坦克、车载反坦克制导武器和攻击直升机攻击之前就率先将对方消灭。

> 行驶中的 T-90 主战坦克

从 1994 年开始小批量装备俄陆军起，T-90 又在不断改进和提高。之后至少已有两种变型坦克：T-90S 和 T-90A；估计未来几年还会有新改进型号出现。

对于 T-90 主战坦克的评价，可谓褒贬不一。早在 1996 年 1 月，据一位主管俄罗斯装甲兵的国防部高级官员强调，已决定逐渐把 T-90 坦克变成俄罗斯武装部队使用的单一生产型坦克；T-90 及其改进型坦克仍是或将是俄陆军 2000~2020 年间的主要作战装备，看来它还是颇受青睐的！

但是反对者也大有人在！1996 年 9 月，那位主管俄罗斯装甲兵的国防部高级官员在接受采访时，竟口无遮拦称：发展 T-90 坦克绝对是个"错误"！而且他个人坚持 T-80Y 才是出类拔萃的坦克，并称 T-90 坦克重量太重，功率不足，相比敏捷的 T-80Y 坦克，这方面尤其相形见绌。

看来，T-90 坦克的发展也并非一帆风顺。

2015 年 5 月 9 日，在莫斯科红场进行的卫国和平 70 周年成功日阅兵式上，俄罗斯惊艳亮相了一款"坦克明星"——T-14 "阿玛塔"。"阿玛塔"是俄罗斯研发的最新一代重型坦克，很多人认为它也属于第四代主战坦克。实际上，早从 20 世纪 90 年代开始，俄罗斯便开始着手这款"第四代坦克"的研制。起初，很多人都觉得 T-95 将有可能成为俄罗斯的第四代坦克。但因它使用了一时难以完全成熟的技术，难以迅速批量生产形成战斗力，导致最终该坦克于 2010 年下马。几乎就在 T-95 下马的同时，俄又做出一项决策：开发一个保持 T-95 的基本框架，但部分子系统有所简化，且便于生产装备的型号。

> 阅兵式上出现的俄罗斯 T-14 "阿玛塔" 坦克

> "阿玛塔"坦克在外观上与现役所有坦克完全不同

  这款坦克取个什么名字？一时间众说纷纭，经过争论终于有了一个比较明确、集中的意见：即能最大化地体现苏联时代几代经典坦克，如T34、T54和T64坦克的精神，于是就有了上述那个极为经典的名字：T-14！

  总设计师由谁担任呢？正好乌拉尔研发与生产公司的T-95坦克研究工作此前不久刚刚结束，这样，总设计师安德烈·连多维奇·捷尔利科夫顺理成章地担任领导工作，具体负责T-14坦克的研制。

全新的理念、大胆的创新，再加上有比较成熟的 T-15 重型步兵战车和"库尔干人 -25"步兵战车的底盘等不错的基础。从 2009 年起，俄罗斯乌拉尔研发与生产公司便介入了"阿玛塔"的预研工作。2010 年春，该团队便提交了首个技术方案。

实际上，你只要仔细瞄上一眼，就可以清晰地分辨出 T-14 新型坦克与俄罗斯现役装备的所有型号坦克及西方全部坦克截然不同。更为神奇的是，通过"阿玛塔"坦克重型履带的通用平台，搭载不同的系统，可以"演变"为坦克、自行火炮、工程车辆、防空平台、步兵装甲战车等，包括 T-14 主战坦克、T-15 步兵战车、BM-2 火箭炮、2S35 自行榴弹炮、T-16 装甲维修车等。

当然，T-14 主战坦克最革命性的变化是，首次在主战坦克上采用了无人遥控炮塔设计，3 名成员全部集中在车体前部，呈现出"品"字形布局。采用这种无人炮塔，带来多方面的好处：一是有条件降低整车高度，使被对方探测与发现的概率明显降低，二是提高炮塔的装甲重量比例，提升防御性能；三是人员远离了燃料舱和弹药舱，提高生存性。

> 从正面角度看"阿玛塔"坦克。其正面投影面积较小

　　该新型坦克完全推翻了传统俄罗斯式坦克的风格，采用了全新的总体布置：车辆各功能舱室、弹药及燃滑油料之间都是分割独立的。这种布置的优势非常明显，能够显著减少坦克的装甲防护空间，从而降低了车辆本身的质量外廓特性。T-14主战坦克装设的X型发动机配备多种燃料，发动机功率高于俄罗斯现有的所有坦克，功率至少达到1500马力；下一步发动机的功率将有望达到1800马力。为了提高T-14坦克的机动性，该坦克采用了自动换向（可逆）变速箱；这种变速箱装有8个前进挡和8个倒挡。由于采用新的变速箱，T-14坦克装甲车辆可以相同的速度向前或向后行驶；这种能力既能够大大提高车辆的效率，也能够增强它在战斗中的生存能力。

"阿玛塔"炮塔侧面装备了能够用于敌我识别和为炮射导弹提供制导的毫米波雷达。该雷达不仅可覆盖360°范围，而且能控制主动防护系统。"阿玛塔"坦克采用的主动防护系统是由位于科罗姆纳的机械制造设计局研制的"阿富汗石"主动防护系统；该系统可为坦克防御来自空中打击在内的各种打击，可以在距离车辆15~20米拦截敌人发射的炮弹和导弹，如可以拦截最大速度为1700秒/米的次口径穿甲弹。主动防护系统覆盖车辆的前半部，可为重要的坦克组件进行保护。

> "阿玛塔"主战坦克的炮塔特写

T-14 主战坦克装设有遥控无人炮塔，炮塔配备全新的 125 毫米 2A82-1M 式滑膛炮。T-14 主战坦克抛弃了俄式坦克沿用了半个世纪的 125 毫米 2A46 系列滑膛炮，改为搭载一门全新设计的 125 毫米 2A82 型滑膛炮。该炮能够发射所有现役的 125 毫米炮弹（其中包括导弹），也能够发射该火炮专用的新型炮弹。俄军方称，2A82 火炮的技术性能，诸如精度、弹着散布、炮弹初速、弹药威力等均超过世界上所有坦克火炮 20%~25%。在炮口能量方面，2A82 几乎超出"豹"2A6（"豹"2A7+）坦克火炮这一西方最好的火炮 20%。由于 2A82 火炮身管长度超过 2A46M 火炮身管长度（其身管长度为 52 倍口径），它的身管长度与莱茵金属公司的新型火炮一样，因此可以推断，两者都为 55 倍口径。T-14 主战坦克的主要武器将不会只有 2A82-1M 型 125 毫米坦克炮这一种。随着 152 毫米 2A83 型火炮的装备，"阿玛塔"将会用来执行更多的任务，例如在 20 千米外对敌方的防御工事和装甲集群等目标实行精确打击。

> 从后视角度来看的"阿玛塔"主战坦克

"阿玛塔"坦克的武器系统基本上布置在战斗模块内，而一些独立系统则被布置在乘员模块或驾驶室内，自动火控系统被布置在有人舱室内。而武器、弹药、炮塔和火炮瞄准动力驱动装置、车长和炮长观瞄系统，这些装置与系统都被移至有人舱室之外。T-14主战坦克的自动化火控系统包括：车长全套观瞄设备和炮氏全套观瞄设备、360。本地态势感知系统、车载计算机、武器稳定器、机枪控制装置、气象传感器和身管弯曲计算装置在内的全套射击环境自动传感器。

　　新型T-14"阿玛塔"主战坦克乘员与弹药舱分离方式，这样就可适当减少保护炮塔内乘员而增加在炮塔和车体侧面的装甲，从而把防护装甲集中在以车首方向为轴的扇面区，尤其是坦克底盘的正面。不仅如此，T-14还将配装新一代爆炸反应装甲，该反应装甲性能超过世界上现有的任何爆炸反应装甲。由于安装在主战坦克配装的新型爆炸反应装甲装药量增加，能够有效对付尾翼稳定脱壳穿甲弹和北约国家使用的反坦克炮弹，包括先进的DM53和DM63尾翼稳定脱壳穿甲弹，以及配装高爆反坦克弹战斗部的地面反坦克导弹，从而大大提高了对付现代反坦克武器的能力。配装新型爆炸反应装甲内包括有金属/陶瓷层，而这种金属/陶瓷装甲是全金属装甲防护能力的1.5倍。

　　还有一点不可忽略的是，T-14坦克火炮的弹药基数为45发，其中22发为布置在自动装弹机内的待发弹。这比世界上其他现代化坦克上的待发弹要多10发，由此可以看出，它的打击威力非同一般。

"阿玛塔"主战坦克最大战斗全重65吨，与美国陆军的M1A2坦克相当；高速公路最大速度达90公里/小时，崎岖地形速度也高达70公里/小时，最大行程超过500公里。尽管T-14各项技战术性能指标都十分耀眼与先进，但许多军事专家认为：眼下它仍具有较大的技术验证性；也有一些军事专家认为：其性能比第三代主战坦克改进有限，并没有达到第四代主战坦克的要求。

　　时至今日，不管各方怎样评价，T-14"阿玛塔"主战坦克在诸多方面独到的创新理念和重大改进，以及所拥有的强大的作战威力，都毫无悬念地表明：它是一款具有标杆性意义的坦克杰作！

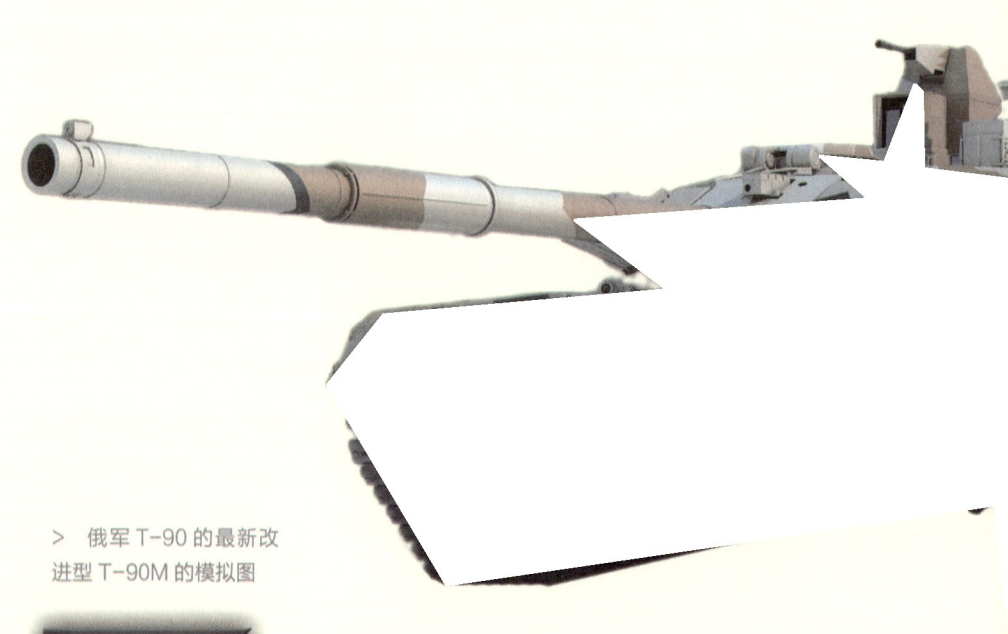

> 俄军T-90的最新改进型T-90M的模拟图

但是由于经济上的原因，T-14"阿玛塔"主战坦克距离大规模装备部队恐怕还有相当长的时间。2019年2月，俄罗斯媒体发布了俄军最新的T-90M坦克的优异测试结果。T-90M是俄罗斯T-90坦克家族中最先进的一个型号。该坦克的打击力，防护力，机动性都有较大提升，坦克上安装有最新型的"化石"爆炸反应装甲、"窗帘"主动防御系统，主炮也升级为与T-14主战坦克相同的2A82型125毫米滑膛炮，并换装动力更加强劲，输出1300马力的新动力系统。T-90M的信息化水平超越了之前所有的苏系坦克，安装有现代化的"莱莅"火控系统。在该火控系统的组成中，包括了多光谱炮长瞄准镜、与数字弹道计算机和发射条件传感器连通的车长周视瞄准镜。火控系统还与战术环节作战指挥信息系统实现了一体化，能够保证坦克对不同地形和天气环境的作战有很强的适应性。

因此在今后很长一段时间，俄军主要还是使用T-90M作为装甲部队的主力。俄罗斯的军力恢复之路任重而道远。

加速跃升的中国新型主战坦克

上个世纪90年代中期,当时中国主要为巴基斯坦出口而研制的85-IIAP主战坦克所采用的各项先进技术逐渐成熟;而中国最新的125毫米滑膛炮也达到了设计要求,可在2000米距离击穿450毫米钢板,表明它已经具备有效击穿国外第三代坦克正面装甲的能力。

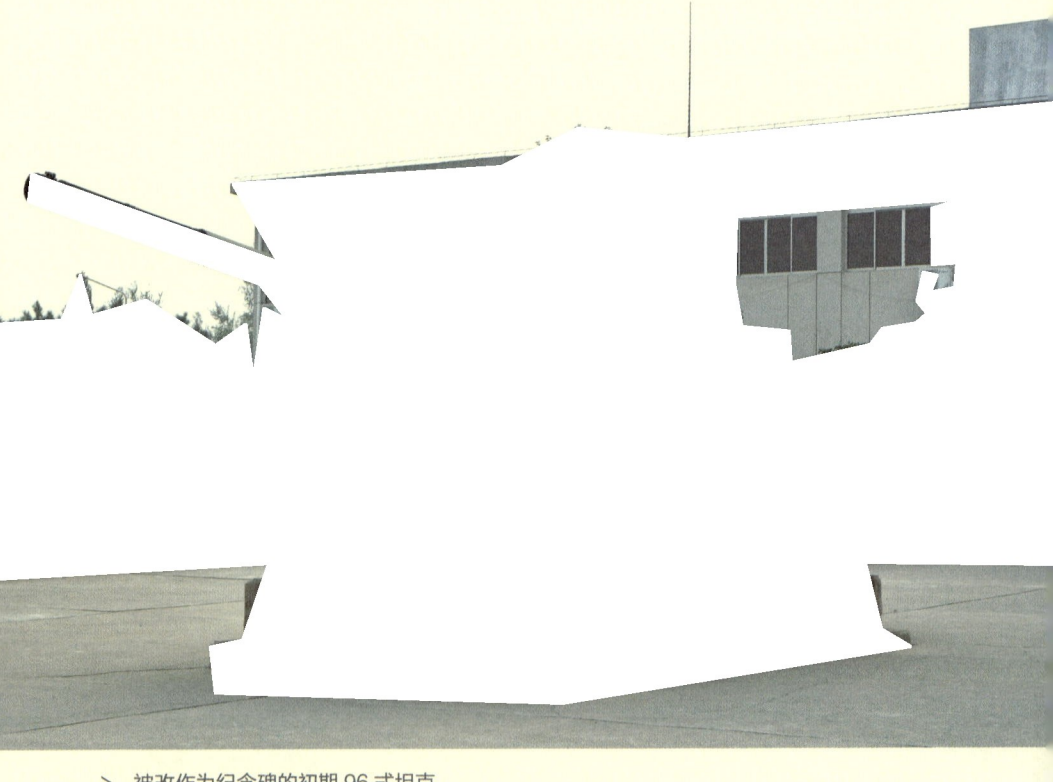

> 被改作为纪念碑的初期96式坦克

1995年底，中国在外贸巴基斯坦的85-IIAP基础上开始研制96式主战坦克。该坦克主要利用88式第二代主战坦克的底盘和发动机，以及传动系统，采用外销巴基斯坦85-Ⅱ系列主战坦克的炮塔、下反式火控和125毫米主炮，作为基础来研制。经过前后大约三年的努力，1998年新型坦克正式定型，并被正式定名为ZTZ 96式主战坦克。96式主战坦克战斗全重42吨，最大时速65公里/小时，最大行程600公里；该坦克装备一门48倍口径125毫米滑膛炮，不仅可发射穿甲弹、破甲弹、爆破榴弹，还可发射炮射导弹。

但平心而论，96式坦克离三代主战坦克标准还有一定距离（定位为二代半主战坦克也许更为准确）。第三代主战坦克主要用于与敌方坦克和其他装甲车辆作战，也可以压摧毁反坦克武器、野战工事、歼灭敌方有生力量。众所周知，第三代主战坦克具有以下特点：一是战斗威力强，通常配有120毫米以上口径的坦克炮；二是技术装备先进，大多数装有先进的火控系统，并大量配备自动传感设备，实现了高度自动化、电子化，具有全天候作战能力；三是驾驶机动灵活，坦克上装有大功率发动机，速度快，还配有高度自动化的指挥、通信系统，能大幅度提高坦克的机动性与作战效率；四是防护能力强，坦克车体小，并配备有新一代复合装甲。

当初，为了降低造价，96式坦克的动力系统和火控都相对简单。尽管它能与周边国家的T-72坦克抗衡，但与典型的第三代坦克交战时取胜的把握不大。为此，相关部门在2000年以后对96式坦克进行了大规模的升级，升级以后的96主战坦克被命名为96A型主战坦克，已经具备三代主战坦克的水平。

> 未加挂侧裙甲的 96A 主战坦克

  与 96 式坦克最明显的区别是，96A 坦克在炮塔正面加装了楔型新型主装甲，并在炮塔侧面以及底盘正面采用了 FY-4 型双防反应装甲。FY-4 装甲属于中国自研的第二代反应装甲，采用模块化结构；可根据不同作战需要更换不同防护等级的装甲模块，增加了坦克在装甲防护方面的灵活性。加挂双防反应装甲后，96A 式主战坦克的炮塔正面对动能穿甲弹的防御能力约为 600 毫米，对破甲弹的防御能力约为 1100 毫米。

  此外，96A 式坦克还换装了新型炮长凝视焦平面热像仪和 ISFCS-212 下反稳像式火控系统。96 式坦克由于只装备微光夜视仪，其夜战能力一直不理想；倘若在夜战中，M1A1 完全可以凭借其发现距离达 3000 米的热成像夜视仪，对最大夜视距离只有 1500 米的 96 式坦克，形成极大的主动性。由中国

> 正在参加比赛的 96A 坦克

自行研制的 ISFCS-212 下反稳像式火控系统，工作方式有稳像式和自动装定分划式，从发现目标到开火大约只需 6 秒；并使车长具有超越炮长控制的能力。但 96A 并没加装车长独立周视热像仪只有简易微光夜视潜望镜，车长夜间观察主要还要通过炮长热像仪通道进行。96A 式主战坦克据称还装有"北斗/GPS"双模定位仪。

96A 式坦克自入役以来，便显示出其突出的性能，并在多次比赛中取得了优异的成绩。在俄罗斯"坦克两项-2014"国际竞赛中，中国代表队驾驶国产 96A 型坦克首次参赛，就在当天的单车赛射击项目中，全部命中目标，是当天参赛的 12 国代表队中唯一"弹无虚发"的代表队。在 2015 年俄罗斯国际军事比赛中，中国军队的参赛 96A 式主战坦克再度表现出色，获得了第二名。

> 初期型99式坦克,也被称为98式,其炮塔上尚未加装附加装甲

在2009年建国60周年国庆阅兵式上,中国99式主战坦克再度威武亮相。作为装甲方阵的第一方队,体现了它在解放军陆军中的重要地位(而在此之前的1999年建国50周年阅兵和2015年抗战胜利70周年大阅兵中,都有99式主战主战坦克的雄姿)。

作为中国首款第三代主战坦克——99式主战坦克的成功入役,完全弥补了中国主战坦克与世界顶级主战坦克之间近20年的代差。其原型外观最容易辨认之处,就是车头的V字形档弹板,此种设计先前见于俄罗斯T-72坦克,主要用于防止弹片沿着车头击中炮塔

环。驾驶席设置于车头中央，驾驶舱盖为单片式，舱盖设有三具潜望镜，中央的一具可换成双目星光夜视镜，夜间有效使用距离约为 200 米。炮塔战斗室内有两名乘员，车长位于炮身右侧，顶上的车长指挥塔舱盖四周设有 5 个潜望镜，炮手舱盖沿袭俄式的向前开启设计，指挥塔前方设有车长全周界瞄准仪。99 式的炮塔战斗室空间比以往中国坦克更大，预留了安装更大口径坦克炮的空间。之后的 99 式改进型与原始设计外型上的差异是，炮塔正面加装了附加装甲和取消了正面 V 字形档弹板；99 式的主要量产工作都集中在第二次的改良构型上，原始设计只是一种过渡型号。99 改进型炮塔正面的楔形装甲基本结构有两层，本体是一个中空的箱子，并在正面与侧面前部的外部再增加一层装甲（以螺栓固定）；因此装甲套件本身至少有外部装甲板与内部结构本体这两部分的装甲，而本体的中空结构也有助于消散 HEAT 穿甲喷流的威力。除了炮塔正面装甲之外，99 式改进型车体的正面与炮塔两侧也加装了不少方形装甲块（应为反应装甲）。

> 标准的 99 式也被称为 99G 式主战坦克，其炮塔加装了楔形附加装甲

99式的最新改型上，中国把德国MTU MT883作为性能指标，以1200马力的150HB发动机为基础，开发并使用了新一代的1500马力大功率柴油机。此种新发动机以及新的传动系统曾经安装于98式改坦克进行测试，并展现了80公里/每小时的最大道路速度，以及60公里/每小时的最大越野速度。

99式坦克配备先进的指挥式数位坦克射控系统，较先前85-IIM以及更为先进90-II的系统。99式坦克装有一套特殊的主动式激光警告/对抗系统，包括一具激光预警系统(LWR，其接收机就是激光通信系统)，以及炮手舱盖后方一具特殊的致盲激光发射器(LSDW)。LSDW由激光压制机、干扰机（即气体激光发射器）、自动旋转基座、追踪系统以及微处理控制单元组成，采用数位式封闭循环控制。当LWR接收到敌方激光标定器讯号后，系统便自动标定观测讯号来源的方位，并由车长或炮手决定是否启动LSDW展开对抗。炮手与车长席都设有LSDW的操控介面，按下按钮后，系统便在1秒内自动将LSDW对准目标。使用时，LSDW先向目标发射低能量激光，根据激光回波来标定位置，确实锁定后便发射高能致盲激光来干扰、破坏敌方光电感测器，甚至能伤害对方观测仪器操作人员的眼睛；而炮手与车长都可以操控LSDW。LSDW能对敌方激光测距仪、星光夜视镜、电视摄影机、光学瞄准仪、红外线热像仪等一切可见光/近红外线光学电子仪器实施干扰，使之饱和失效，甚至造成永久性破坏。LSDW水平旋转范围涵盖360°，俯仰范围介于-12 - +90°，水平追踪角速率为45°/秒，俯仰速率40°/秒，激光输出能量1000兆焦耳，脉冲回复频率为10次/秒，最大使用距离约4000米，系统能连续工作30分钟，激光发射器的寿命为120万次。由于有效仰角甚大，LSDW甚至能用来对付敌方直升机的观瞄系统。99式坦克采用中国较新型的VHF-2000型坦克通信系统，具备抗干扰能力，可靠度高且易于维修，电磁相容性也良好，多台同型号通信机能同时工作而不互相干扰。

> 拍摄于中国人民革命军事博物馆的最新式 99A 式主战坦克

> 全副武装在沙漠中极速前进的 99A 式主战坦克

　　安装在 99 式坦克上的是 ZPT-98 式 50 倍径 125 毫米高膛压光膛坦克炮，99 式安装有一挺炮长操纵的 7.62 毫米并列机枪和 1 挺车长操纵的 12.7 毫米 85 式高射机枪。ZPT-98 式 50 倍径 125 毫米高膛压光膛坦克炮，由于采用了全新炮钢、镀层技术和液压自紧工艺等，国产 125 毫米炮的性能明显超过了国外的 125 毫米炮。靶场试验时，125 毫米炮进行了超过设计寿命要求的射击试验，射弹数百发，精度依然没有变化。而俄罗斯的 2A46 只打了 300 发，炮膛就已经烧蚀了 3.4 毫米，精度下降十分明显。

ZPT-98 型坦克炮配备的弹种包括采用半可燃药筒的（使用新型太根发射药）钨/铀合金尾翼稳定脱壳穿甲弹、尾翼稳定破甲弹和尾翼稳定多功能杀伤爆破榴弹，弹药基数为 41 发，其中 2 发置于自动装弹机的旋转输弹机内，19 发放置在战斗室的各弹药箱内。在发射第三代钨合金尾翼稳定脱壳穿甲弹时（初速为 1780 米/秒），可在 2000 米距离击穿 850 毫米厚的均质装甲，而最新型特种合金穿甲弹（贫铀穿甲弹）在该距离上的穿甲厚度可达到 960 毫米。在之后的 99 式坦克改进型换装 QJG-02 14.5 毫米车长用防空机枪，采用换装更可靠、操作更简易、性能更优良的数字化自动装弹机。

99 式主战坦克有着多种新改型，其最大全重超过 50 吨（有的甚至接近 60 吨），最大公路速度 65~70 公里/小时以上，最大越野速度 46 公里/小时；最大公路行程 450 公里。

A

"陆战王"
将向何方?

主战坦克是否会研发新型号？

自 1916 年 9 月 15 日世界上首辆坦克投入战场以来，这种集火力、防护力、机动力于一身的作战武器迄今已问世、使用超过百年。在百余年的时间里，坦克从一个蹒跚学步的"婴儿"逐渐成长为"青壮年"，再到横扫全球、战功卓著的"陆战之王"，乃至今天踯躅徘徊的"耄耋老人"。尤其是 21 世纪的战场，陆、海、空、天、电、网多维空间战场武器，从太空武器、临界空间武器、激光武器、电磁轨道炮、粒子束武器、隐身航母、超静音核潜艇……可谓千姿百态、竞相发展、层出不穷，有的甚至到了难以想象、威力空前的超强大、超精尖、超远程的境地。

然而，如今的陆地战场上，仍时常上演着交战双方各型坦克身披"厚盔坚甲"，隆隆作响、滚滚向前，巨大的炮管喷吐着火舌，冲锋陷阵，并使用厚重的钢铁履带碾过敌人的阵地堑壕的惨烈画面。但是许多人从发展的眼光已预测到或准确推断出，尽管坦克依然火力强悍、横冲直闯，仍"努力地"为步兵冲锋提供着火力支援，力图与空中飞机、直升机、火炮、各型导弹等兵力兵器实施联合作战，但该作战平台作为陆地这维空间主战武器的地位，似乎越来越难保，越来越勉为其难了！甚至有一些人说得更极端，坦克下一步应该直接被送进历史博物馆或者尽早投入炼钢炉！

> 博物馆中保存的"古老"的过顶履带坦克

  不管各方怎么评价,有一个客观事实是,从目前的情况看,不少军事强国和军事大国都已停止了新坦克的研发,转而把有限的国防预算投入到其他作战平台或先进武器的研发中。而其中只有俄罗斯是个例外,仍在进行T-14"阿玛塔"及其后续主战坦克的研制与发展。总之,坦克装甲部队今后究竟是否继续保留存在?还是被淘汰?恐怕现在下结论还太早。

其实，上述这些人的观点不是没有理由。在当前及未来的战争条件下，战机稍纵即逝、作战快速反应、行动攻防兼备、天敌四面八方……凡此显得越来越重要，而坦克固有的庞大身躯，以及相较其他大型作战平台过于笨拙的行动方式，使它们失却了快速行动和有效应对的基础，减缓了与其他作战平台快速联系和联合作战的速率，导致它们很难适应快速反应、较难达成协调配合、不易实现联合打击。更重要的是，它们传统的、引以为傲的防护能力在如今形式多样、性能卓越、多维齐集的远程隐蔽、精确制导和强大威力的打击武器面前，常常显得不堪一击，变得愈发难以招架；特别是其原先被认为很难破解，且赖以"安全行动"的履带却更加容易在战场上遭到各种创新武器的打击和爆破而瞬间被打断或损毁；履带一旦断毁或残伤，坦克自然就如同一堆废钢铁，最终只有束手待毙，成为断腿的猛虎！

> "阿玛塔"坦克的另一种设计方案，最终未能成行

> 无论在哪个时期，城市战对于坦克来说都是严峻的考验

也许还有不少人，乃至部分军事专家仍坚定地认为：坦克在现今陆军作战体系中作为冲锋陷阵、攻城略地的主力武备，其地位和作用无可替代，尤其在日渐增多的城市战中依然有用，还能扮演着十分重要的角色。但无数实战和大量演习早已反复证明：坦克的火炮射界过小，无法有效打击到高处及过低位置的敌人而总是不断被人诟病，甚至对其城市战的作用也产生了严重怀疑。

坦克有望在以下几方面继续发展

总之,从目前各国在役的、较先进的主战坦克来看,其不少主要战技术性能指标与10多年前的相比,并没有发生什么太大的、本质的变化;更多的是对以前个别单向技术或某些性能指标的修补和改进。当然,在很大程度上现役坦克与未来坦克必然会加入诸多信息化、电子化的技术和武备,使之更适应现代和未来信息化战争。当下,数量相当的军事专家认为,未来坦克将有望在以下几个方面继续发展:

陆战王中王 TANK

> 美国 M551 轻型坦克所装备的 152 毫米主炮曾是最大口径的坦克炮之一

139

> 天马行空般设想的飞行坦克或将以另一种形式在未来得到实现

一是应具有更为强大的火力。作为当今的"陆战之王",在未来一段时间内,坦克依然会被视为陆战场上最主要的"移动钢铁堡垒",因此强大的打击火力将会持续增强。也就是说,未来坦克的火炮威力会提升,其中主要是增加坦克炮本身的能力,例如增加口径、增加弹种、改进弹药等;下一步坦克的火炮口径也许还会进一步增大(T-14"阿玛塔"坦克后续火炮口径就有可能增加)。目前,各主要坦克拥有国的坦克主炮口径有两种:一种是以中俄(苏)坦克为代表的125毫米坦克炮,还有一种是以西方坦克为代表的120毫米坦克炮。这两种坦克炮从火炮威力上看,基本可以满足目前的作战需求,但如今各国的坦克乃至其他作战平台与武器的防御能力都在明显增强,特别是新技术、新材料、新装甲的使用,要求主战坦克的打击威力要更强、穿透力更

猛，这就不是现有 120 毫米和 125 毫米火炮的打击力、穿透力所能满足的，需要更大口径的火炮。德国曾经在"豹 2"主战坦克上试验过 140 毫米的主炮，而 2015 年 5 月在俄罗斯卫国战争胜利 70 周年中首次亮相的 T-14"阿玛塔"主战坦克虽然主炮仍然是 125 毫米，但是未来不排除装备 152 毫米主炮的可能性。美国的 M551 和 M60A2 主战坦克也曾使用过 152 毫米主炮，不过都属于长径比较小的大口径坦克炮，虽威力大，但射程和穿甲能力不足。眼下，140 毫米和 152 毫米口径火炮作为主战坦克的主炮，暂时还处于探索试验阶段。不过，也许下一步将能成为坦克火炮的主流。

至于炮射导弹的出现，也将使坦克炮的用途大大拓宽。既可以精确打击地面目标，也可以反直升机；更主要的是使射程大幅增加，可以打击传统火炮打击不到的距离目标。例如，美国的 M551 轻型坦克使用炮射导弹后，可以明显弥补火炮射程和穿甲能力的不足；M551 轻型坦克上装设的 MGM-51A 炮射导弹，重 27 千克，全弹长 1140 毫米，最大飞行速度达 200 米/秒，射程为 200 米~3000 米，最大垂直破甲厚度 500 毫米，可以击穿当时任何一种坦克的前装甲。当然，新概念武器，如电磁轨道炮、激光武器、粒子束武器，未来也都有可能成为坦克上的主战武器。

进入 21 世纪以来，随着反恐战和城市战逐渐增多，坦克这种集火力、防护力、机动力于一身的武器越来越多地被运用于城市战和反恐战的舞台。尽管坦克并不是专门为城市战、反恐战而设计的武器，且在历次高技术局部战争中，坦克在城市战的表现并不尽如人意，但坦克这种陆战传统的武器在城市战中依然有其优势。未来，在城市战中，坦克若能与各兵种其它武器相互配合，取长补短，使用得当，依然能发挥其应有的作用。当然，在城市战中，坦克有不少弊端：首先，主炮俯仰角太小，对于高处的反坦克步兵，坦克只能用高射机枪进行射击，如果对方步兵躲在坚固的掩体时机枪则无法对付，只能求助于其他火力支援或者使用射击俯仰角较大的步兵战车或者自行高炮等火力实施打击和支援；一旦火力支援不及或者上述支援火力车辆被毁坏时，坦克必须单独面对城市中的高处目标，常常会"束手无策"。或许在未来的坦克上，只有采用坦克上加装小口径配大俯仰角火炮的办法才能加以解决。

二是机动力将出现质的飞跃。目前坦克的前进速度、最大行程、瞬间加速能力与原地转向能力，比以往有很大的提高；但与其他平台相比，依然相形见绌，远不够理想。为此，一些国家早在20世纪二三十年代，就曾提出发展"飞行坦克"以彻底解决这个问题；这种能够飞行的坦克具有"短距离，低高度"的飞行能力，其实就是把飞机机翼加装到坦克上，把两者进行有效地结合，使坦克具有短程升到一定高度的飞行能力，但从试验效果来看并不理想，至少在当下只能搁置。如今，很多人一提到"飞行坦克"大都想到的是武装直升机；其实武装直升机有个最大的问题就是防御力很差，只需小口径高炮便很容易将其毁伤，其防护性无法与坦克相比。而"飞行坦克"之所以要强调其有一定的飞行能力，是因为陆战场地形十分复杂，坦克虽然越野能力较强，但其爬坡角度有限，面对较高的障碍时，便无法翻越。坦克还常常会陷入敌方挖掘的反坦克壕，使之深陷其中，难以自拔，失去应战能力。但是，面对上述恶劣的战场环境，坦克如有一定的飞行能力，将如虎添翼，越障掠壕，战力大增。不过，如果要让坦克具备长时间的飞行能力，以目前的科技水平很难达到，但要使坦克"短距低空"飞行大概相对容易。上述技术问题如能解决，届时大部分的陆上障碍都将会被较轻易地越过，坦克的机动性就将大幅提升。

三是防护力将进一步明显增强。无论未来坦克如何发展，但其置身在一个大量尖端武器充斥的战场上，因此如何有效地防御必将是一个重大的考验。只要是坦克还继续存在和使用，防护力就是至关重要的！现如今不少国家已在坦克上使用多种复合装甲，有个别国家正在抓紧研制电磁装甲，以在对方炮弹飞近时利用电磁变化将其引爆。

当然，现代与未来坦克除了要有很强、性能优异的多种防护装甲外，想要不被对方搜寻到，不被对方击中，首先就是要不被发现，很重要的是要采取隐身技术。

目前隐身技术除了大量、成功地运用于轰炸机、战斗机，并越来越多地扩展运用于军用舰艇上，很显然隐身技术应用于坦克上也不是难事。法国早就研发出了以AMX-30型主战坦克为蓝本的隐形坦克，其棱角分明的外形和

> 波兰与英国联合研制的 PL-01 轻型坦克或将成为世界上第一款实用隐形坦克

没有多余外挂设备的特点，为它国隐身坦克研制提供了宝贵的经验。其后，英国、俄罗斯等国也相继研制出了几种隐形坦克，这些隐形坦克的研发成功，外加配合使用改进成分的烟幕弹，无疑为坦克未来更优的防护力运用提供了一条重要的发展思路。在未来战场上，能有效隐身、隐蔽的一方，将能率先发现敌方，率先发起攻击，率先取得胜利；而无隐身技术或隐身效果不佳的一方，必将被动挨打，屡吃败果，直至毁亡。

四是智能化无人坦克将大有用武之处。在未来的陆战场上，无人机的广泛搜寻、精确猎杀、定点清除和战果盘点，已成为轻而易举，且非常有智慧的作战行动。在千里之外，无人机的操作者形如玩电脑游戏，借助无人机行动在屏幕上所显示的战场环境，在瞬间将恐怖份子精确击杀，而己方却毫无人员伤亡。那么，未来反恐战或城市战中，无人坦克搜寻、猎杀恐怖分子或使用无人坦克进行城市作战，将是时常发生的事。不过，有人也许会说，既然有智能化的无人机，为何还需要智能化的无人坦克呢？那是因为恐怖分子机动灵活的战术并非空中猎杀无人机就可以完全消灭干净得。例如崇山峻岭

> 俄罗斯研制的 Uran-9 多功能无人战斗车似乎为未来的无人坦克指明了方向

的阿富汗，恐怖份子一旦藏身洞穴，无人机即便搜寻捕捉到他们的信息，也将无从下手；而且无人机自身的防护性也不好，容易被传统的小口径高炮或肩抗式导弹所击中。此时，若有小型无人智能化坦克参与作战，则不仅可深入洞穴里，搜寻、发现、定位躲藏在洞内的恐怖份子，进而可以猎杀之，而且不用担心对方袭击，不存在人员伤亡。

坦克在其百余年的发展历程中，基本上风光无限、战功卓著，始终独占陆战场武器鳌头。但如今，由于高新技术日新月异、先进武器推陈出新，在未来的信息化、智能化战场上，"陆战之王"桂冠是否能够保得住、戴得稳？还得经战场的真正考验！